市政公用工程管理与实务

案例通关题集

嗨学网考试命题研究组 ◎编

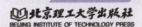

版权专有 侵权必究

图书在版编目（CIP）数据

市政公用工程管理与实务. 案例通关题集 / 嗨学网考试命题研究组编. -- 北京：北京理工大学出版社, 2024.6.
ISBN 978-7-5763-4280-2

Ⅰ. TU99-44

中国国家版本馆 CIP 数据核字第 2024NL2151 号

责任编辑：王梦春　　　　　　文案编辑：邓　洁
责任校对：刘亚男　　　　　　责任印制：边心超

出版发行 / 北京理工大学出版社有限责任公司
社　　址 / 北京市丰台区四合庄路 6 号
邮　　编 / 100070
电　　话 /（010）68944451（大众售后服务热线）
　　　　　（010）68912824（大众售后服务热线）
网　　址 / http://www.bitpress.com.cn

版 印 次 / 2024 年 6 月第 1 版第 1 次印刷
印　　刷 / 天津市永盈印刷有限公司
开　　本 / 787 mm×1092 mm　1/16
印　　张 / 10.25
字　　数 / 220 千字
定　　价 / 58.00 元

图书出现印装质量问题，请拨打售后服务热线，本社负责调换

目录 CONTENTS

案例 1 ………… 1	案例 23 ………… 44
案例 2 ………… 2	案例 24 ………… 46
案例 3 ………… 4	案例 25 ………… 48
案例 4 ………… 7	案例 26 ………… 51
案例 5 ………… 9	案例 27 ………… 53
案例 6 ………… 10	案例 28 ………… 54
案例 7 ………… 12	案例 29 ………… 56
案例 8 ………… 14	案例 30 ………… 58
案例 9 ………… 16	案例 31 ………… 61
案例 10 ………… 18	案例 32 ………… 64
案例 11 ………… 19	案例 33 ………… 65
案例 12 ………… 21	案例 34 ………… 67
案例 13 ………… 23	案例 35 ………… 68
案例 14 ………… 26	案例 36 ………… 70
案例 15 ………… 28	案例 37 ………… 72
案例 16 ………… 29	案例 38 ………… 74
案例 17 ………… 32	案例 39 ………… 76
案例 18 ………… 34	案例 40 ………… 77
案例 19 ………… 36	案例 41 ………… 79
案例 20 ………… 38	案例 42 ………… 81
案例 21 ………… 40	案例 43 ………… 84
案例 22 ………… 42	案例 44 ………… 86

案例 45 …………………………… 87	案例 54 …………………………… 107
案例 46 …………………………… 89	案例 55 …………………………… 109
案例 47 …………………………… 91	案例 56 …………………………… 111
案例 48 …………………………… 94	案例 57 …………………………… 114
案例 49 …………………………… 97	案例 58 …………………………… 116
案例 50 …………………………… 99	案例 59 …………………………… 117
案例 51 …………………………… 101	案例 60 …………………………… 119
案例 52 …………………………… 103	
案例 53 …………………………… 105	参考答案 …………………………… 122

案例 1

【背景资料】

某公司中标北方城市道路工程,道路全长1000m,道路结构与地下管线布置如图1所示。

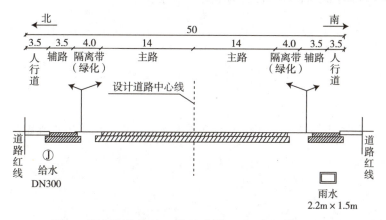

图1 道路结构与地下管线布置示意图(单位:m)

施工场地位于农田,邻近城市绿地,土层以砂质粉土为主,不考虑施工降水。

雨水方沟内断面尺寸为2.2m×1.5m,采用钢筋混凝土结构,壁厚度为200mm;底板下混凝土垫层厚100mm。雨水方沟位于南侧辅路下,排水方向为由东向西,东端沟内底高程为−5.0m(地表高程±0.0m),流水坡度为1.5‰。给水管道位于北侧人行道下,覆土深度为1m。

项目部对①辅路、②主路、③给水管道、④雨水方沟、⑤两侧人行道及隔离带(绿化)作了施工部署,依据各种管道的高程以及平面位置对工程的施工顺序作了总体安排。

施工过程发生如下事件:

事件一:部分主线路基施工突遇大雨,未能及时碾压,造成路床积水,土料过湿,影响施工进度。

事件二:为加快施工进度,项目部将沟槽开挖出的土方在现场占用城市绿地存放,以备回填,方案审查时被纠正。

【问题】

1.列式计算雨水方沟东、西两端沟槽的开挖深度。

2.用背景资料中提供的序号表示本工程的总体施工顺序。

3.针对事件一写出部分路基雨后土基压实的处理措施。

4.事件二中，现场占用城市绿地存土的方案为何被纠正？请给出正确做法。

案例 2

【背景资料】

某公司承建的市政桥梁工程中，桥梁引道与现有城市次干道呈T型平面交叉，次干道边坡坡率为1∶2，采用植草防护。桥梁引道位于种植滩地，线位上现存池塘一处（长15m，宽12m，深1.5m），两侧边坡采用挡土墙支护：桥台采用重力式桥台，基础为ϕ120cm的混凝土钻孔灌注桩。引道纵断面如图2所示，挡土墙横截面如图3所示。

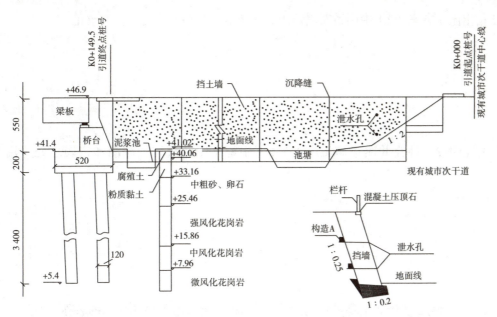

图2 引道纵断面示意图　　图3 挡土墙横截面示意图

（标高单位：m；尺寸单位：cm）

项目部编制的引道路堤及桥台施工方案有如下内容：

（1）桩基泥浆池设置于台后引道滩地上，公司现有如下桩基施工机械可供选用：正循环回转钻、反循环回转钻、潜水钻、冲击钻、长螺旋钻机、静力压桩机。

（2）引道路堤在挡土墙及桥台施工完成后进行，路基用合格的土方从现有城市次干道倾倒入路基后用机械摊铺碾压成型。施工工艺流程图如图4所示：

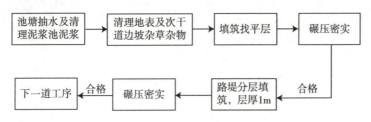

图4 施工工艺流程图

监理工程师在审查施工方案时指出：施工方案（2）中施工组织存在不妥之处，且施工工艺流程图存在较多缺漏及错误，要求项目部改正。

在桩基施工期间，发生了一起行人滑入泥浆池的事故，但未造成伤害。

【问题】

1.施工方案（1）中，项目部宜选择哪种桩基施工机械？说明理由。

2.指出施工方案（2）中引道路堤填土施工组织存在的不妥之处，并改正。

3.结合图2，补充并改正施工方案（2）中施工工艺流程的缺漏和错误之处（用文字叙述）。

4.图3所示的挡土墙属于哪种结构形式（类型）？请写出图3中构造A的名称。

5.针对"行人滑入泥浆池"的安全事故，指出桩基施工现场应采取哪些安全措施。

案例 3

【背景资料】

某公司承建一座城市快速路跨河桥梁，该桥由主桥、南引桥和北引桥组成，分东、西双幅分离式结构，主桥中跨下为通航航道，施工期间航道不中断。主桥的上部结构采用三跨式预应力混凝土连续刚构，跨径组合为75m+120m+75m；南、北引桥的上部结构均采用等截面预应力混凝土连续箱梁，跨径组合为（30m×3）×5；下部结构墩柱基础采用混凝土钻孔灌注桩，重力式U型桥台；桥面系护栏采用钢筋混凝土防撞护栏；桥宽35m，横断面布置采用0.5m（护栏）+15m（车行道）+0.5m（护栏）+3m（中分带）+0.5m（护栏）+15m（车行道）+0.5m（护栏）；河床地质自上而下为厚3m淤泥质黏土层、厚5m砂土层、厚2m砂层、厚6m卵砾石层等；河道最高水位（含浪高）高程为19.5m，水流流速为1.8m/s。桥梁立面布置如图5所示：

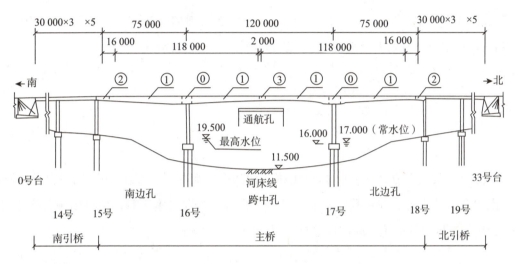

图5 桥梁立面布置及主桥上部结构施工区段划分示意图（高程单位：m；尺寸单位：mm）

项目部编制的施工方案有如下内容：

（1）根据主桥结构特点及河道通航要求，拟定主桥上部结构的施工方案。为满足施工进度计划要求，施工时将主桥上部结构划分成⓪、①、②、③等施工区段。其中，施工区段⓪的长度为14m，施工区段①每段施工长度为4m，采用同步对称施工原则组织施工，主桥上部结构施工区段划分如图5所示。

（2）由于河道有通航要求，在通航孔施工期间采取安全防护措施，确保通航安全。

（3）根据桥位地质、水文、环境保护、通航要求等情况，拟定主桥水中承台的围堰施工方案，并确定了围堰的顶面高程。

（4）防撞护栏施工进度计划安排：拟组织2个施工班组同步开展施工，每个施工班组投入1套钢模板，每套钢模板长91m，每套钢模板的施工周转效率为3天。施工时，钢模板两端各有0.5m作为导向模板使用。

【问题】

1.列式计算该桥多孔跨径总长；根据计算结果指出该桥所属的桥梁分类。

2.结合施工方案（1），分别写出主桥上部结构连续刚构及施工区段②最适宜的施工方法；列式计算主桥16号墩上部结构的施工次数（施工区段③除外）。

3.结合图5及施工方案（1），指出主桥"南边孔、跨中孔、北边孔"先后合龙的顺序（用"南边孔、跨中孔、北边孔"及箭头"→"作答；当同时施工时，请将相应名称并列排列）；指出施工区段③的施工时间应选择一天中的什么时候进行。

4.施工方案（2）中，在通航孔施工期间应采取哪些安全防护措施？

5.结合施工方案（3），指出主桥第16、17号墩承台施工最适宜的围堰类型；围堰高程至少应为多少米？

6.依据施工方案（4），列式计算防撞护栏的施工时间（忽略伸缩缝位置对护栏占用的影响）。

案例 4

【背景资料】

某公司承建一项城市污水管道工程，管道全长1.5km。采用DN1 200mm的钢筋混凝土管，管道平均覆土深度约6m。考虑现场地质水文条件，项目部准备采用"拉森钢板桩+钢围檩+钢支撑"的支护方式，沟槽支护情况详见图6。

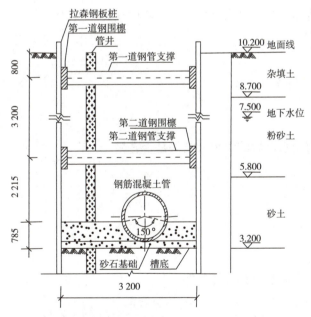

图6 沟槽支护示意图（标高单位：m；尺寸单位：mm）

项目部编制了"沟槽支护，土方开挖"专项施工方案，经专家论证，因缺少降水专项方案被制定为"修改后通过"。项目部经计算补充了管井降水措施，方案获"通过"，项目进入施工阶段。在沟槽开挖到槽底后进行分项工程质量验收，槽底无浸水扰动，槽底高程、中线、宽度符合设计要求。项目部认为沟槽开挖验收合格，拟开始后续垫层施工。在完成下游3个井段管道安装及检查井砌筑后，抽取其中1个井段进行了闭水试验。试验渗水量为0.0285L/（min·m）［规范规定，DN1 200mm钢筋混凝土管合格渗水量不大于43.3m³/（24h·km）］。为加快施工进度，项目部拟增加现场作业人员。

【问题】

1. 写出钢板桩围护方式的优点。

2. 管井成孔时是否需要泥浆护壁？请写出滤管与孔壁间填充滤料的名称。

3. 写出项目部"沟槽开挖"分项工程质量验收中缺失的项目。

4. 列式计算该井段闭水试验的渗水量结果是否合格。

5. 写出新进场工人上岗前应具备的条件。

案例 5

【背景资料】

某公司中标一座城市跨河桥梁,该桥跨河部分总长101.5m,上部结构为30m+41.5m+30m三跨预应力混凝土连续箱梁,采用支架现浇法施工。项目部编制的支架安全专项施工方案的内容有:为满足河道18m宽通航要求,跨河中间部分采用贝雷梁-碗扣组合支架形式搭设门洞;其余部分均采用满堂式碗扣支架;满堂支架基础采用筑岛围堰,填料碾压密实,支架安全专项施工方案分为门洞支架和满堂支架两部分,并计算支架结构的强度和验算其稳定性。

项目部编制了混凝土浇筑施工方案,其中对混凝土裂缝的控制措施有:

(1)优化配合比,选择水化热较低的水泥,降低水泥水化热产生的热量。

(2)选择在一天中气温较低的时候浇筑混凝土。

(3)对支架进行检测和维护,防止支架下沉变形。

(4)夏季施工保证混凝土养护用水及资源供给。

(5)混凝土浇筑施工前,项目技术负责人和施工员在现场进行了口头安全技术交底。

【问题】

1.支架安全专项施工方案还应补充哪些验算?说明理由。

2.模板施工前还应对支架进行哪些试验?其主要目的是什么?

3.对本工程搭设的门洞应采取哪些安全防护措施?

4.对工程混凝土裂缝的控制措施进行补充。

5.项目部的安全技术交底方式是否正确？如不正确，请给出正确的做法。

案例 6

【背景资料】

某公司承建城市桥区泵站调蓄工程，其中调蓄池为地下式现浇钢筋混凝土结构，强度等级为C35，池内平面尺寸为62.0m×17.3m，筏板基础。场地地下水类型为潜水，埋深6.6m。涉及基坑长63.8m，宽19.1m，深12.6m，围护结构采用ϕ800mm钻孔灌注桩排桩+2道ϕ609mm钢支撑，桩间挂网喷射C20混凝土，桩顶设置钢筋混凝土冠梁。基坑围护桩外侧采用厚度为700mm的止水帷幕，如图7所示。

施工过程中，基坑土方开挖至深度8m处，侧壁出现渗漏，并夹带泥沙。迫于工期压力，项目部继续开挖施工，同时安排专人巡视现场，加大对地表沉降、桩身水平变形等项目的监测频率。

按照规定，项目部编制了模板支架及混凝土浇筑专项施工方案，拟在基坑单侧设置泵车浇筑调蓄池结构混凝土。

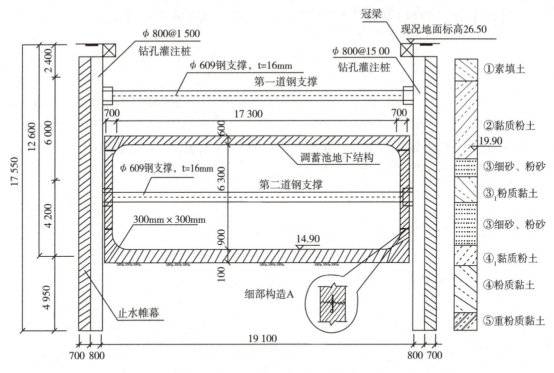

图7 调蓄池结构与基坑围护断面图（结构尺寸单位：mm；高程单位：m）

【问题】

1.列式计算池顶模板承受的结构自重分布荷载 Q（kN/m^2）（混凝土容重 $r=25kN/m^3$）。根据计算结果，判断模板支架安全专项施工方案是否需要组织专家论证，说明理由。

2.列式计算止水帷幕在地下水中的高度。

3.指出基坑侧壁渗漏后，项目部继续开挖施工存在的风险。

4.指出基坑施工过程中风险最大的时段,并简述稳定坑底应采取的措施。

5.写出图7中细部构造A的名称,并说明其留设位置的有关规定和施工要求。

6.根据本工程的特点,试述调蓄池混凝土浇筑工艺应满足的技术要求。

案例 7

【背景资料】

某公司承建城市道路改扩建工程,工程内容包括:①在原有道路两侧各增设隔离带、非机动车道及人行道;②在北侧非机动车道下新增一条长800m、DN500mm的雨水主管道,雨水口连接支管直径为DN300mm,管材均采用HDPE双壁波纹管、胶圈柔性接口,主管道两端接入现状检查井,管底埋深为4m,雨水口连接管位于道路基层内;③在原有机动车道上加铺50mm改性沥青混凝土上面层,道路横断面布置如图8所示。

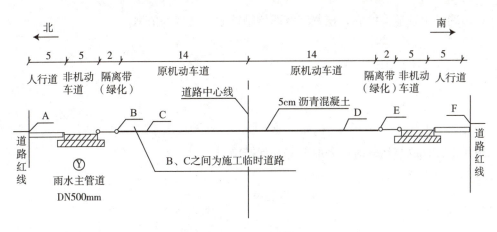

图8 道路横断面布置示意图（单位：m）

施工范围内土质以硬塑粉质黏土为主，土质均匀，无地下水。

项目部编制的施工组织设计将工程项目划分为三个施工阶段：第一阶段为雨水主管道施工；第二阶段为两侧隔离带、非机动车道、人行道施工；第三阶段为原机动车道加铺沥青混凝土面层。同时编制了各施工阶段的施工技术方案，内容有：

（1）为确保道路正常通行及文明施工要求，根据三个施工阶段的施工特点，在图8中A、B、C、D、E、F所示的6个节点上分别设置各施工阶段的施工围挡。

（2）主管道沟槽由东向西按井段逐段开挖，拟定的槽底宽度为1 600mm、南北两侧的边坡坡度分别为1∶0.50和1∶0.67，采用机械挖土，人工清底；回用土存放在沟槽北侧，沟槽南侧设置管材存放区，弃土运至指定存土场地。

（3）原机动车道加铺改性沥青路面施工安排在两侧非机动车道施工完成并导入社会交通后，整幅分段施工。加铺前对旧机动车道面层进行铣刨、裂缝处理、井盖高度提升、清扫、喷洒（刷）粘层油等准备工作。

【问题】

1.本工程雨水口连接支管施工应有哪些技术要求？

2.用图8中所示的节点代号，分别写出三个施工阶段设置围挡的区间。

3.写出确定主管道沟槽底开挖宽度及两侧槽壁放坡坡度的依据。

4.现场土方存放与运输时应采取哪些环保措施？

5.加铺改性沥青面层施工时，应在哪些部位喷洒（刷）粘层油？

案例 8

【背景资料】

A公司承建中水管道工程，全长870m，管径DN600mm。管道出厂由南向北垂直下穿快速路后，沿道路北侧绿地向西排入内湖，管道覆土3.0~3.2m；管材为碳素钢管，防腐层在工厂内施作。施工图设计建议：长38m下穿快速路的管段采用机械顶管法施工混凝土套管；其余管道全部采用开槽法施工，开槽段施工从西向东采用流水作业。施工区域土质较好。开挖土方可用于沟槽回填，施工时可不考虑地下水影响。依据合同的约定，A公司将顶管施工分包给B专业公司。

施工过程发生如下事件：

事件一：质量员发现个别管道沟槽胸腔回填存在采用推土机从沟槽一侧推土入槽不当施工现象，立即责令施工队停工整改。

事件二：由于发现顶管施工范围内有不明显管线，B专业公司项目部征得A公司项目负责人同意，拟改用人工顶管方法施工混凝土套管。

事件三：质量安全监督部门例行检查时，发现顶管坑内电缆破损较多，存在严重安全隐患，对A公司和建设单位进行通报批评；A公司对B专业公司处以罚款。

事件四：受局部拆迁影响，开槽段施工出现进度滞后局面，项目部拟采用调整工作关系的方法控制施工进度。

【问题】

1.分析事件一中施工队不当施工可能产生的后果，并写出正确做法。

2.事件二中，机械顶管改为人工顶管时，A公司项目部应履行哪些程序？

3.事件三中，A公司对B专业公司的安全管理存在哪些缺失？A公司在总分包管理体系中应对建设单位承担什么责任？

4.简述事件四中调整工作关系方法在本工程的具体应用。

案例 9

【背景资料】

某公司承建一座城市桥梁,该桥上部结构为6×20m简支预制预应力混凝土空心板梁,每跨设置边梁2片、中梁24片;下部结构为盖梁及φ1 000mm圆柱式墩,重力式U型桥台,基础均采用φ1 200mm钢筋混凝土钻孔灌注桩。桥墩构造如图9所示。

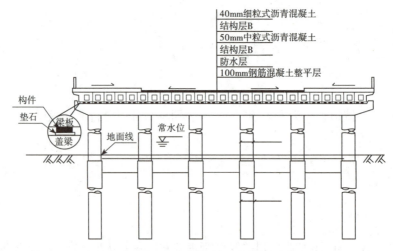

图9 桥墩构造示意图(单位:mm)

开工前,项目部对该桥划分了相应的分部、分项工程和检验批,作为施工质量检查、验收的基础。划分后的桥梁分部(子分部)、分项工程及检验批对照如表1所示。

表1 桥梁分部(子分部)、分项工程及检验批对照表(节选)

序号	分部工程	子分部工程	分项工程	检验批
1	地基与基础	灌注桩	机械成孔	54(根桩)
			钢筋笼制作与安装	54(根桩)
			C	54(根桩)
		承台	…	…
2	墩台	现浇混凝土墩台		
		台背填土		
3		盖梁	D	E
			钢筋	E
			混凝土	E
…	…	…	…	…

工程完工后,项目部立即向当地工程质量监督机构申请工程竣工验收,该申请未被受

理。此后，项目部按照工程竣工验收规定对工程进行全面检查和整修，确认工程符合竣工验收条件后，重新申请工程竣工验收。

【问题】

1.写出图9中构件A和桥面铺装结构层B的名称，并说明构件A在桥梁结构中的作用。

2.列式计算图9中构件A在桥梁中的总数量。

3.写出表1中C、D、E的内容。

4.施工单位应向哪个单位申请工程的竣工验收？

5.工程完工后，施工单位在申请工程竣工验收前应做好哪些工作？

案例 10

【背景资料】

某公司中标承办污水截流工程，内容有：新建提升泵站一座，该泵站位于城市绿地内，地下部分为内径5m的圆形混凝土结构，底板高程为-9.0m；新敷设D1 200mm和D1 400mm柔性接口钢筋混凝土管道为546m，管顶覆土深度为4.8~5.5m，检查井间距为50~80m；A段管道从高速铁路桥跨中穿过，B段管道垂直穿越城市道路，工程纵向剖面如图10所示。场地地下水为层间水，赋存于粉质黏土、重粉质黏土层，水量较大。设计采用明挖施工，辅以井点降水和局部注浆加固施工技术措施。

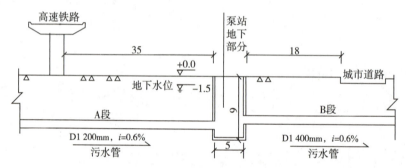

图10 污水截流工程纵向剖面示意图（单位：m）

施工前，项目部进场调研发现：高铁桥墩柱基础为摩擦桩；城市道路车流量较大；地下水位较高，水量大，土层渗透系数较小。项目部依据施工图设计拟定了施工方案，并组织专家对施工方案进行专家论证。根据专家论证意见，项目部提出工程变更并调整了施工方案，调整后的施工方案如下：

①取消井点降水技术措施；②泵站地下部分采用沉井法施工；③管道采用密闭式顶管机顶管施工。该项工程变更获得建设单位的批准。项目部按照设计变更情况，向建设单位提出调整工程费用的申请。

【问题】

1.简述工程变更采取技术措施①和③具有哪些优越性。

2.给出工程变更后泵站地下部分和新建管道的完工顺序,并分别给出两者的验收试验项目。

3.指出沉井下沉和沉井封底的方法。

4.列出设计变更后工程费用的调整项目。

案例 11

【背景资料】

某公司承建一座跨河城市桥梁,基础均采用φ1500mm钢筋混凝土钻孔灌注桩,设计为端承桩,桩底嵌入中风化岩层2D(D为桩基直径)。桩顶采用盖梁连接,盖梁高度为1 200mm,顶面标高为20.000m。河床地基揭示依次为淤泥、淤泥质黏土、黏土、泥岩、强风化岩、中风化岩。

项目部编制的桩基施工方案明确如下内容:

(1)下部结构施工采用水上作业平台施工方案,水上作业平台结构为φ600mm钢管桩+型钢+人字钢板,水上作业平台及桩基施工横断面布置如图11所示。

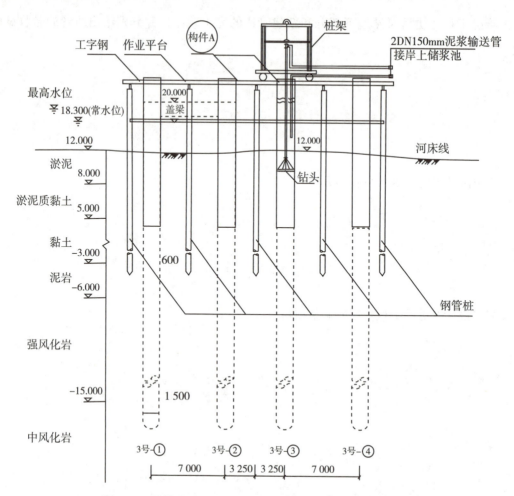

图11　3号墩水上作业平台及桩基施工横断面布置示意图

（2）根据桩基设计类型及桥位、水文、地质等情况，选用"2 000型"正循环回旋钻孔施工（另配牙轮钻头等），成桩方式未定。

（3）图11中构件A的名称和使用的相关规定。

（4）由于设计对孔底沉渣厚度未做具体要求，灌注混凝土前进行二次清孔。当孔底沉渣厚度满足规范后，开始灌注水下混凝土。

【问题】

1.结合背景资料及图11，指出水上作业平台应设置哪些安全设施。

2.结合施工方案（2），指出项目部选择该类型钻机的理由及成桩方式。

3.施工方案（3）中，所指的构件A名称是什么？构件A施工时需使用哪些机械组合，构件A应高出施工水位多少米？

4.结合背景资料及图11，列式计算3号-①桩的桩长。

5.结合施工方案（4），指出孔底沉渣厚度的最大允许值。

案例 12

【背景资料】

某地铁盾构工作井，平面尺寸为18.6m×18.8m，深28m，位于砂性土、卵石地层，地下水埋深为地表以下23m。施工影响范围内有给水、雨水、污水等多条市政现状管线。盾构工作井采用明挖法施工，围护结构为钻孔灌注桩加钢支撑，盾构工作井周边设降水管井。设计要求基坑土方开挖分层厚度不大于1.5m，基坑周边2~3m范围内堆载不大于30MPa，地下水位需在开挖前1个月降至基坑底以下1m。

项目部编制的施工组织设计有如下事项：

（1）施工现场平面布置如图12所示，布置内容有施工围挡，范围为50m×22m，东侧围挡距居民楼15m，西侧围挡与现状道路步道路缘平齐；搅拌设施及堆土场设置于基坑外缘1m处；布置了临时用电、临时用水等设施；场地进行硬化等。

（2）考虑盾构工作井基坑施工进入雨季，基坑围护结构上部设置挡水墙，防止雨水浸入基坑。

（3）基坑开挖监测项目有地表沉降、道路（管线）沉降、支撑轴力等。

（4）应急预案分析了基坑土方开挖过程中可能引起基坑坍塌的因素，包括钢支撑敷设不及时、未及时喷射混凝土支护等。

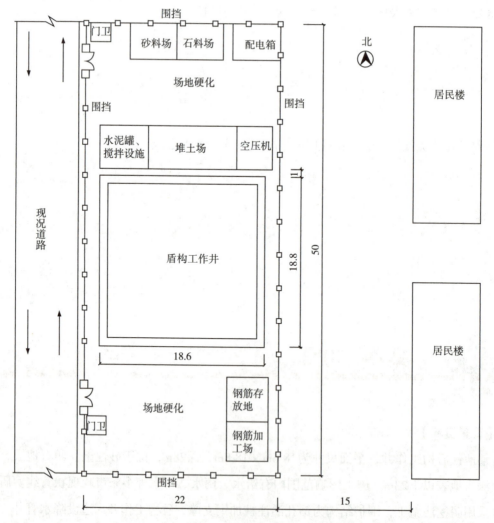

图12 盾构工作井施工现场平面布置示意图（单位：m）

【问题】

1. 基坑施工前,有哪些危险性较大的分部分项工程的安全专项施工方案需要进行专家论证?

2. 施工现场平面布置图还应补充哪些设施?请指出该布置的不合理之处。

3. 施工组织设计(3)中,基坑开挖监测还应包括哪些项目?

4. 基坑坍塌应急预案还应考虑哪些危险因素?

案例 13

【背景资料】

公司中标承建一项蓄水池工程,主体结构为矩形钢筋混凝土半地下式结构,平面尺寸为 30m×20m×15m,设计水深为12m。基坑采用不放坡开挖,围护结构采用地下连续墙,施工步骤如图13所示。

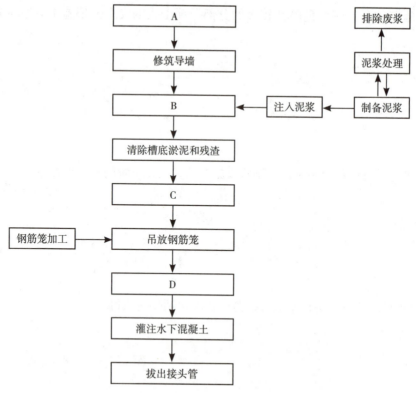

图13 地下连续墙施工步骤

基坑沿深度方向设有3道支撑,从上到下依次采用现浇钢筋混凝土支撑、单钢管支撑、双钢管支撑,基坑场地地层向上而下依次为4.5m厚素填土、4.5m厚砂土、5.5m粉质黏土、10m厚砂质粉土,地下水埋深约2.5m。

施工过程中发生如下事件:

事件一:基坑开挖至设计基底标高时,监控量测过程中发现,基坑底部产生了较大的坑底隆起,项目部立即采取措施,对其进行控制,后续加强对基底的监测。

事件二:水池施工中安装止水带时采用了橡胶止水带,现场工人安装时采用叠接连接,在叠接位置用铁钉进行固定,被现场监理工程师发现后制止,并要求项目部作出整改。

事件三:水池施工完成之后,在施作池体防水层、防腐层之前,项目部按照试验水压要求封堵预留孔洞、预埋管口及出入水口等,检查充水、充气给水排水闸阀无渗漏后进行满水试验。注水至设计水深24h之后对水位进行观测,观测1d之间水位下降量为10mm,同时测定水箱蒸发量水位下降量为1mm。

【问题】

1.请写出A、B、C、D分别对应哪项施工步骤。

2.写出内支撑体系的布置原则。

3.事件一中,基坑底部产生较大隆起的原因可能有哪些?

4.试补充事件一中项目部所采取的控制基坑隆起的措施。

5.事件二中,监理工程师制止的原因是什么?项目部应如何进行整改?

6.根据事件三所给的条件,列式计算注水至设计水深所需的天数,以及判断本次渗水量是测定是否合格。

案例 14

【背景资料】

某桥梁工程项目的下部结构已全部完成，受政府指令工期的影响，业主将尚未施工的上部结构分成A、B两个标段，将B段重新招标。桥面宽度为17.5m，桥下净空为6m。上部结构设计为钢筋混凝土预应力现浇箱梁（三跨一联），共40联。原施工单位甲公司承担A标段，该标段施工现场既有废弃公路无须处理，满足支架法施工条件。甲公司按业主要求对原施工组织设计进行了重大变更调整；新中标的乙公司承担B标段，B标段施工现场地处闲置弃土场，地域宽广平坦，满足支架法施工的部分条件，其中纵坡变化较大部分跨越既有正在通行的高架桥段。新建桥下净空高度达13.3m（见图14）。

甲、乙两家公司接受任务后立即组织力量展开了施工竞赛。甲公司利用既有公路作为支架基础，地基承载力符合要求；乙公司为赶工期，将原地面稍作整平后即展开支架搭设工作，很快施工进度超过甲公司。支架全部完成后，项目部组织了支架质量检查，并批准模板安装。模板安装完成后开始绑扎钢筋。指挥部在检查中发现乙公司施工管理存在问题，下发了停工整改通知单。

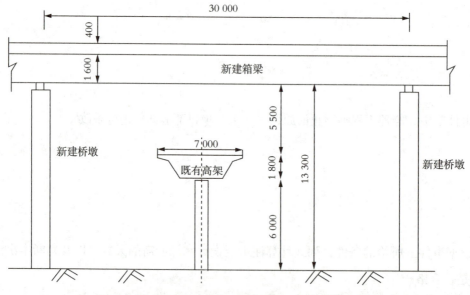

图14 跨越既有高架桥断面示意图（单位：mm）

【问题】
 1.原施工组织设计中主要施工资源配置有重大变更调整,项目部应如何处理?重新开工之前,技术负责人和安全负责人应完成什么工作?

 2.背景资料中的"满足支架法施工的部分条件"指的是什么?

 3.B标段的支架搭设场地是否满足支架的地基承载力?如不满足,乙公司应如何处置?

 4.支架搭设前技术负责人应做好哪些工作?桥下净高13.3m的部分应如何办理手续?

 5.支架搭设完成和模板安装后应用什么方法解决变形问题?支架拼接间隙和地基沉降在桥梁建设中属于哪一类变形?

 6.跨越既有高架部分的桥梁施工需到什么部门补充办理手续?

案例 15

【背景资料】

某公司承建一项城市污水处理工程,包括调蓄池、泵房、排水管道等。调蓄池为钢筋混凝土结构,结构尺寸为40m(长)×20m(宽)×5m(高),结构混凝土设计等级为C35,抗渗等级为P6。调蓄池底板与池壁分两次浇筑,施工缝处安装金属止水带,混凝土均采用泵送商品混凝土。

事件一:施工单位对施工现场进行封闭管理,砌筑了围墙,在出入口处设置了大门等临时设施,施工现场进口处悬挂了整齐明显的"五牌一图"及警示标牌。

事件二:调蓄池基坑开挖,渣土外运过程中,因运输车辆装载过满,造成抛洒滴漏,被城管执法部门下发整改通知单。

事件三:池壁混凝土浇筑过程中,有一辆商品混凝土运输车因交通堵塞,混凝土运至现场前用的时间过长,坍落度损失较大。且泵车泵送困难,施工员安排工作人员向混凝土运输车罐体内直接加水后完成了浇筑工作。

事件四:金属止水带安装中,接头采用单面焊搭接法施工,搭接长度为15mm,并用铁钉固定就位,监理工程师检查后要求施工单位进行整改。

为确保调蓄池混凝土的质量,施工单位加强了混凝土浇筑和养护等各环节的控制,以确保实现设计的使用功能。

【问题】

1.写出"五牌一图"的内容。

2.事件二中,为确保项目的环境保护和文明施工,施工单位对出场的运输车辆应做好哪些防止抛洒滴漏的措施?

3.事件三中,施工员安排向罐内加水的做法是否正确?应如何处理?

4.说明事件四中监理工程师要求施工单位整改的原因。

5.除了混凝土的浇筑和养护控制外,施工单位还应在哪些环节中加以控制以确保混凝土的质量?

案例 16

【背景资料】

某公司项目部施工的桥梁基础工程,灌注桩混凝土强度为C25,直径为1 200mm,桩长18m,承台、桥台的位置如图15所示,承台的桩位编号如图16所示。

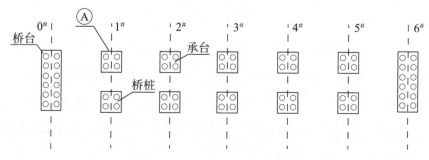

图15 承台、桥台位置示意图

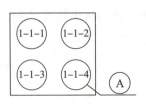

注：$\dfrac{1-1-4}{}$ 表示1轴–1号承台–4号桩

图16 承台钻孔编号

事件一：项目部依据工程地质条件，安排4台反循环钻机同时作业，钻机工作效率为1根桩/2d。项目部在前12天完成了桥台的24根桩，后20天要完成10个承台的40根桩。承台施工前，项目部对4台钻机的工作区域进行了划分（见图17），并提出要求：（1）每台钻机完成10根桩；（2）一座承台只能安排1台钻机作业；（3）同一承台两桩的施工间隙为2天，1#钻机工作进度安排及2#钻机部分工作进度安排如图18所示。

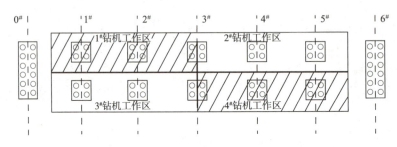

图17 钻机作业区划分图

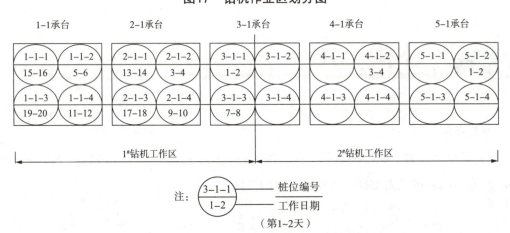

注：$\dfrac{3-1-1}{1-2}$ ——桩位编号 ——工作日期（第1~2天）

图18 1#钻机、2#钻机工作进度安排示意图

事件二：项目部对已加工好的钢筋笼做了相应标识，并且设置了桩顶定位吊环连接筋。钻机成孔、清孔后，监理工程师验收合格，立即组织吊车吊放钢筋笼和导管，导管底部距孔底0.5m。

事件三：经计算，编号为3-1-1的钻孔灌注桩混凝土用量为4m³，商品混凝土到达现场后施工人员通过在导管内安放隔水球、在导管顶部放置储灰斗等措施灌注了首罐混凝土,经测量,导管埋入混凝土的深度为2m。

【问题】

1. 补全事件一中的2#钻机工作区作业计划,用图18的形式表示。

2. 钢筋笼标识应包括哪些内容?

3. 事件二中,吊放钢筋笼入口时桩顶高程定位连接筋的长度应如何确定?用计算公式(文字)表示。

4. 按照灌注桩施工技术要求,事件三中的A值和首罐混凝土最小用量各为多少?

5. 混凝土灌注桩项目部质检员应对到达现场的商品混凝土做哪些工作?

案例 17

【背景资料】

某公司承建一项路桥结合城镇主干路工程。桥台设计为重力式U型结构,基础采用扩大基础,持力层位于砂质黏土层,地层中有少量潜水;台后路基平均填土高度大于5m。场地地质自上而下分别为腐殖土层、粉质黏土层、砂质黏土层、砂卵石层等。桥台及台后路基立面如图19所示,路基典型横断面及路基压实度分区如图20所示。

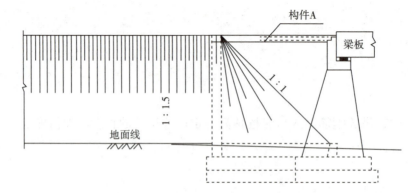

图19 桥台及台后路基立面示意图

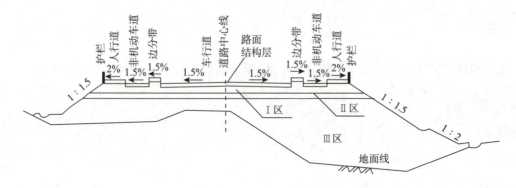

图20 路基典型横断面及路基压实度分区示意图

施工过程中发生如下事件:

事件一:桥台扩大基础开挖施工过程中,基坑坑壁有少量潜水出露,项目部按施工方案要求,采取分层开挖措施,并做好相应的排水措施,顺利完成了基坑开挖施工。

事件二:扩大基础混凝土结构施工前,项目部在基坑施工自检合格的基础上,邀请监理等单位进行实地验槽,检验项目包括轴线偏位、基坑尺寸等。

事件三:路基施工前,项目部技术人员开展现场调查和测量复测工作,发现部分路段原地面横向坡度陡于1∶5。在路基填筑施工时，项目部对原地面的植被及腐殖土层进行清理，并按规范要求对地表进行相应处理后，开始路基填筑施工。

事件四：路基填筑采用合格的黏性土，项目部严格按规范规定的压实度对路基填土进行如下分区：①路床顶面以下80cm范围内为Ⅰ区；②路床顶面以下80~150cm范围内为Ⅱ区；③床顶面以下大于150cm的范围为Ⅲ区。

【问题】

1.写出图19中构件A的名称及其作用。

2.指出事件一中基坑排水最适宜的方法。

3.事件二中，基坑验槽还应邀请哪些单位参加？补全基坑质量检验项目。

4.事件三中，路基填筑前项目部应如何对地表进行处理？

5.写出图20中各压实度分区的压实度值（重型击实标准）。

案例 18

【背景资料】

A公司承建某地下水池工程。该地下水池为现浇钢筋混凝土结构，混凝土设计强度为C35，抗渗等级为P8，水池结构内设有三道钢筋混凝土隔墙，顶板上设置有通气孔及人孔。水池结构如图21、图22所示。

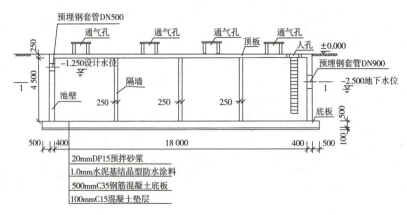

图21 水池剖面图（标高单位：m；尺寸单位：mm）

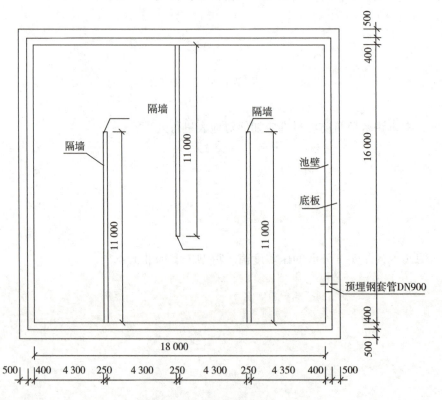

图22 1—1剖面图（单位：mm）

A公司项目部将场区内降水工程分包给B公司。结构施工正值雨期，为满足施工开挖及结构抗浮要求，B公司编制了降、排水方案，经项目部技术负责人审批后送监理单位。

水池顶板混凝土采用支架整体现浇，项目部编制了顶板支架支拆施工方案，明确了拆除支架时的混凝土强度、拆除安全措施，如设置上下爬梯、洞口防护等。项目部计划在顶板模板拆除后进行底板防水施工，然后再进行满水试验，被监理工程师制止后，项目部编制了水池满水试验方案。方案中对试验流程、试验前准备工作、注水过程、水位观测、质量、安全等内容进行了详细的描述，经审批后进行了满水试验。

【问题】

1.B公司方案报送审批流程是否正确？说明理由。

2.请说明B公司的降水注意事项及降水结束时间。

3.项目部拆除顶板支架时，混凝土强度应满足什么要求？说明理由。请举例说明拆除支架时还应做哪些安全措施。

4.请说明监理工程师制止项目部施工的理由。

5.满水试验前需要对哪个部位进行压力验算?水池注水过程中,项目部应关注哪些易渗漏水部位?除了水位观测外,项目部还应对哪个项目进行观测?

6.请说明满水试验水位观测时水位测针的初读数与末读数的测读时间,并列式计算池壁和池底的浸湿面积。(单位:m^2)

案例 19

【背景资料】

某施工单位承建一项城市污水主干管道工程,全长1 000m。设计管材采用Ⅱ级承插式钢筋混凝土管,管道内径为1 000mm,壁厚100mm,沟槽平均开挖深度为3m。底部开挖宽度设计无要求,场地地层以硬塑粉质黏土为主,土质均匀,地下水位于槽底设计标高以下,施工期为旱季。

项目部编制的施工方案明确了下列事项:

(1)将管道的施工工序分解为:①沟槽放坡开挖;②砌筑检查井;③下(布)管;④管道安装;⑤管道基础与垫层;⑥沟槽回填;⑦闭水试验。

施工工艺流程:①→A→③→④→②→B→C。

(2)根据现场施工条件、管材类型及接口方式等因素确定了管道沟槽底部一侧的工作面宽度为500mm,沟槽边坡坡度为1:0.5。

(3)质量管理体系中,管道施工过程质量控制实行企业的"三检制"流程。

(4)根据沟槽平均开挖深度及沟槽开挖断面估算沟槽开挖土方量(不考虑检查井等构筑物对土方量估算值的影响)。

（5）由于施工场地受到限制及环境保护要求，沟槽开挖土方必须外运，土方外运量应根据表2的土方体积换算系数表进行估算。外运用土方车辆容量为10m³/（车·次），外运单价为100元/（车·次）。

表2 土方体积换算系数表

虚方	松填	天然密实	夯填
1.00	0.83	0.77	0.67
1.20	1.00	0.92	0.80
1.30	1.09	1.00	0.87
1.50	1.25	1.15	1.00

【问题】

1.写出施工方案（1）管道施工工艺流程中A、B、C的名称（用背景资料中提供的序号①~⑦或工序名称作答）。

2.写出确定管道沟槽边坡坡度的主要依据。

3.写出施工方案（3）中"三检制"的具体内容。

4.根据施工方案（4）（5），列式计算管道沟槽开挖土方量（天然密实体积）及外运土方的直接成本。

5.写出本工程闭水试验管段的抽取原则。

案例 20

【背景资料】

某公司承接一项城镇主干道新建工程,全长1.8km,勘察报告显示K0+680~K0+920为暗塘,其他路段为杂填土且地下水丰富。设计单位对暗塘段采用水泥土搅拌桩方式进行处理,对杂填土段采用改良土换填的方式进行处理。全路段土路基与基层之间设置一层200mm厚级配碎石垫层,部分路段垫层顶面铺设一层土工格栅,K0+680、K0+920处地基处理横断面示意图如图23所示。

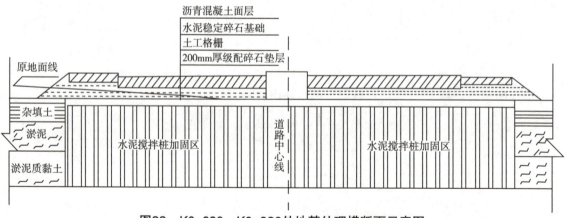

图23 K0+680、K0+920处地基处理横断面示意图

项目部确定水泥掺量等各项施工参数后进行水泥土搅拌桩施工,质检部门在施工完成后进行了单桩承载力、水泥用量等项目的质量检验。

垫层验收完成,项目部铺设固定土工格栅,摊铺水泥稳定碎石基层,采用重型压路机进行碾压,养护3天后进行下一道工序施工。

项目部按照制定的扬尘防控方案,对土方平衡后多余的土方进行了外弃。

【问题】

1.土工格栅应设置在哪些路段的垫层顶面？说明其作用。

2.在施工前应采用何种方式来确定水泥土搅拌桩的水泥掺量？

3.补充完整水泥土搅拌桩地基质量检验的主控项目。

4.改正水泥稳定碎石基层施工中的错误之处。

5.项目部在土方外弃时应采用哪些扬尘防控措施？

案例 21

【背景资料】

某单位承建一项钢厂主干道钢筋混凝土道路工程,道路全长1.2km,红线宽46m,路幅分配如图24所示;雨水主管敷设于人行道下,管道平面布置如图25所示。该路段地层富水,地下水位较高,设计单位在道路结构层中增设了厚200mm的级配碎石层。项目部进场后按文明施工要求对施工现场进行了封闭管理,并在现场进口处挂有"五牌一图"。

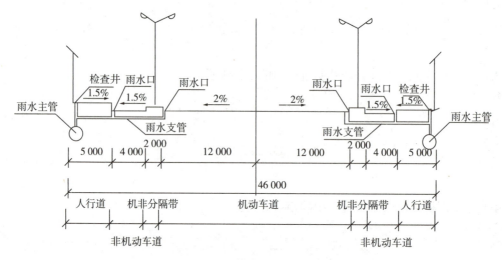

图24 三幅路横断面示意图(单位:mm)

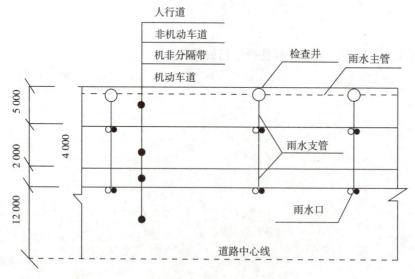

图25 半幅路雨水管道平面示意图(单位:mm)

道路施工过程中发生如下事件：

事件一：路基验收完成时已是深秋，为在冬期到来前完成水泥稳定碎石基层施工，项目部经过科学组织，优化方案，集中力量，按期完成基层分项工程的施工任务，同时做好了基层的防冻覆盖工作。

事件二：基层验收合格后，项目部采用开槽法进行DN300mm的雨水支管施工，雨水支管沟槽开挖断面如图26所示。槽底浇筑混凝土基础后敷设雨水支管，最后浇筑C25混凝土对支管进行全包封处理。

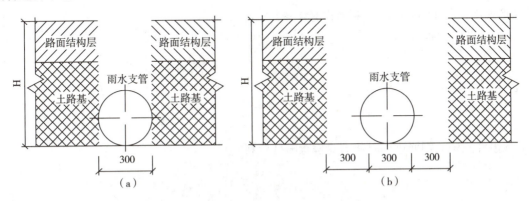

图26 雨水支管沟槽开挖断面示意图（单位：mm）

事件三：雨水支管施工完成后，进入了面层施工阶段。在钢筋进场时，实习材料员当班检查了钢筋的品种、规格，均符合设计和国家现行标准规定，经复试（含见证取样）合格便将钢筋投入现场施工，却忽略了供应商没能提供的相关资料。

【问题】

1. 设计单位增设的厚200mm的级配碎石层应设置在道路结构中的哪个层次？说明其作用。

2. "五牌一图"具体指哪些牌和哪一幅图？

3.请写出事件一中冬期施工的气温条件是什么,并写出基层分项工程应在冬期到来前的多少天内完成。

4.请在图26雨水支管沟槽开挖断面示意图中选出正确的雨水支管开挖断面形式。[开挖断面形式用(a)断面或(b)断面作答]

5.事件三中,钢筋进场时还需要检查哪些资料?

案例 22

【背景资料】

某城镇道路局部为路堑路段,两侧采用原浆砌块石重力式挡土墙护坡,挡土墙高出路面约3.5m,顶部宽度为0.6m,底部宽度为1.5m,基础埋深为0.85m,如图27所示。

在夏季连续多日降雨后,该路段一侧约20m的挡土墙突然坍塌,导致该侧路段行人和非机动车无法正常通行。

调查发现,该段挡土墙坍塌前顶部荷载无明显变化,坍塌后基础也未见不均匀沉降,墙体块石砌筑砂浆饱满粘结牢固,后背填土为杂填土,检查发现泄水孔淤塞不畅。

为恢复正常交通秩序,保证交通安全,相关部门决定在原位置重建现浇钢筋混凝土重力式挡土墙，如图28所示。

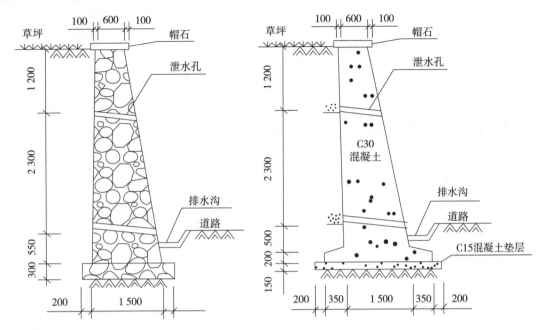

图27　原浆砌块石挡土墙（单位：mm）　　图28　新建混凝土挡土墙（单位：mm）

施工单位编制了钢筋混凝土重力式挡土墙混凝土浇筑施工方案，其中包括：（1）提前与商品混凝土厂沟通混凝土强度、方量及到场时间；（2）第一车混凝土到场后立即开始浇筑，按每层600mm水平分层浇筑混凝土，下层混凝土初凝前进行上层混凝土浇筑；（3）在新旧挡土墙连接处增加钢筋使两者紧密连接；（4）如果发生交通拥堵导致混凝土运输时间过长，可适量加水调整混凝土和易性；（5）提前了解天气预报并准备雨季施工措施等内容。

施工单位在挡土墙排水方面拟采取以下措施：在边坡潜在滑塌区外侧设置截水沟；挡土墙内每层泄水孔上下对齐布置；挡土墙后背回填黏土并压实等措施。

【问题】

1.从受力角度分析挡土墙坍塌的原因。

2.写出混凝土重力式挡土墙的钢筋设置位置和结构形式特点。

3.写出混凝土浇筑前钢筋验收除钢筋三种规格外还应检查的内容。

4.改正混凝土浇筑方案中存在的错误之处。

5.改正挡土墙排水设计中存在的错误之处。

案例 23

【背景资料】

某公司承建一座城市桥梁,上部结构采用20m预应力混凝土简支板梁,下部结构采用重力式U型桥台,明挖扩大基础。地质勘察报告揭示桥台处地质自上而下依次为杂填土、粉质黏土、黏土、强风化岩、中风化岩、微风化岩,桥台立面如图29所示。

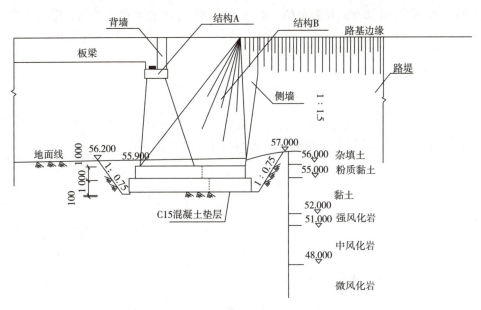

图29 桥台立面布置与基坑开挖断面示意图（标高单位：m；尺寸单位：mm）

施工过程中发生如下事件：

事件一：开工前，项目部会同相关单位将工程划分为单位、分部、分项工程和检验批，编制了隐蔽工程清单，以此作为施工质量检查、验收的基础，并确定了桥台基坑开挖在该项目划分中所属的类别。

桥台基坑开挖前，项目部编制了专项施工方案，上报监理工程师审查。

事件二：按设计图纸要求，桥台基坑开挖完成后，项目部在自检合格基础上，向监理单位申请验槽，并参照表3通过了验收。

表3 基坑验槽项目

序号	项目		允许偏差（mm）	检验方法
1	一般项目	基底高程 土方	0~-20	用水准仪测，四角和中心
2		基底高程 石方	+50~-200	
3		轴线偏位	50	用C，纵横各2点
4		基坑尺寸	不小于设计规定	用D，每边各1点
5	主控项目	地基承载力	符合设计要求	检查地基承载力报告

【问题】

1.写出图29中结构A、B的名称，并简述桥台在桥梁结构中的作用。

2.事件一中,"项目部会同相关单位"参与工程划分中的相关单位指的是哪些单位?

3.事件一中,指出桥台基坑开挖在项目划分中属于哪几类。

4.写出表3中C、D所代表的内容。

案例 24

【背景资料】

某公司承建一座再生水厂扩建工程,项目部进场后,结合地质情况,按照设计图纸编制了施工组织设计。基坑开挖尺寸为70.8m(长)×65m(宽)×5.2m(深),基坑断面如图30所示。图30中可见地下水位较高,为-1.5m,方案中考虑在基坑周边设置真空井点降水。

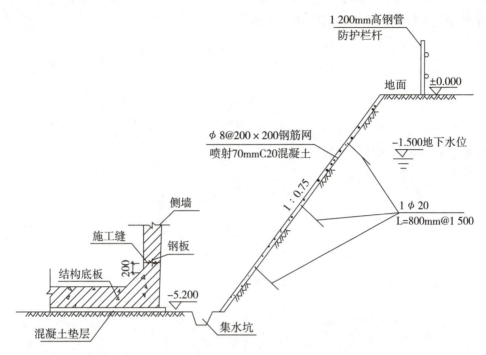

图30 基坑断面示意图（高程单位：m；尺寸单位：mm）

项目部按照以下流程完成了井点布置：高压水套管冲击成孔→冲洗钻孔→A→填滤料→B→连接水泵→漏水、漏气检查→试运行，调试完成后开始抽水。

因结构施工恰逢雨期，项目部采用1:0.75放坡开挖，挂钢筋网喷射C20混凝土护面，施工工艺流程如下：修坡→C→挂钢筋网→D→养护。

基坑支护开挖完成后项目部组织了坑底验收，确认合格后开始进行结构施工。监理工程师现场巡视时发现钢筋加工区部分钢筋锈蚀、不同规格钢筋混放、加工完成的钢筋未经检验即投入使用，要求项目部整改。

结构底板混凝土分6仓进行施工，每仓在底板腋角上200mm高处设施工缝，并设置了一道钢板。

【问题】

1.补充井点降水工艺流程中A、B的工作内容，并说明降水期间施工应注意的事项。

2.请指出基坑挂网护坡工艺流程中C、D的内容。

3.坑底验收应由哪些单位参加?

4.项目部在现场存放钢筋时应满足哪些要求?

5.请说明在施工缝处设置钢板的作用和安装技术要求。

案例 25

【背景资料】

某公司承建南方一主干路工程,道路全长22km,地勘报告揭示K1+500~K1+650处有一暗塘,其他路段为杂填土,暗塘位置示意图见图31。设计单位在暗塘范围采用双轴水泥土搅拌桩加固的方式对机动车道路基进行复合路基处理,其他部分采用改良换填的方式进行处理,路基横断面示意图见图32。为保证杆线落地安全处置,设计单位在暗塘左侧人行道下方布设现浇钢筋混凝土盖板管沟,将既有低压电力线缆和通信线缆敷设沟内,盖板管沟断面示意图见图33。针对改良换填路段,项目部在全线施工展开之前做了100m的标准试验段,以便选择压实机具、压实方式等。

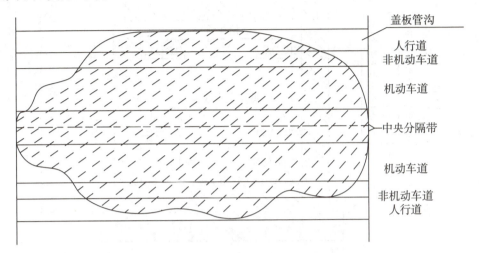

图31 暗塘位置示意图

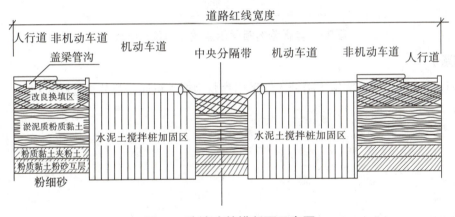

图32 暗塘路基横断面示意图

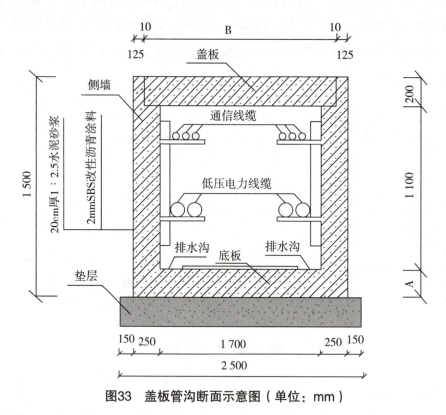

图33 盖板管沟断面示意图（单位：mm）

【问题】

1.按设计要求，项目部施工暗塘段应采用喷浆型搅拌机还是喷粉型搅拌桩机？

2.写出水泥土搅拌桩的优点。

3.写出图33中的涂料层及水泥砂浆层的作用，并补齐底板厚度A和盖板宽尺寸B。

4.补充标准试验段需要确定的技术参数。

案例 26

【背景资料】

某公司承接了某市高架桥工程,桥幅宽25m,共14跨,跨径为16m,为双向六车道,上部结构为预应力空心板梁,半幅桥梁横断面示意图见图34。

合同约定4月1日开工,国庆通车,工期6个月。其中,预制梁场(包括底模)建设需要1个月,预应力空心板梁预制(含移梁)需要4个月,制梁期间正值高温,后续工程施工需要1个月。每片空心板梁预制只有7天时间,项目部制定的空心板梁施工工艺流程依次为:钢筋安装→C→模板安装→钢绞线穿束→D→养护→拆除边模→E→压浆→F,移梁让出底模。

项目部采购了一批钢绞线共计50t,对抽取部分进行了力学性能试验及其他试验,检验合格后将其用于预应力空心板梁制作。

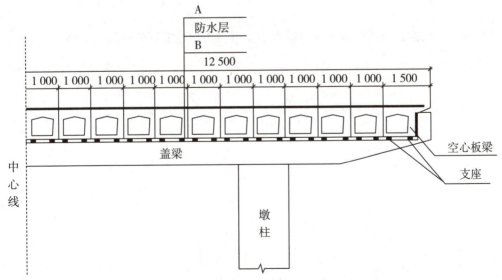

图34 半幅桥梁横断面示意图(单位:mm)

【问题】

1. 写出图34中桥面铺装层中A、B的名称。

2. 写出图34中桥梁支座的作用以及名称。

3. 列式计算预应力空心板梁加工至少需要的模板数量。（每月按30天计算）

4. 补齐项目部制定的预应力空心板梁施工工艺流程，并写出C、D、E、F的工序名称。

5. 项目部采购的钢绞线按规定应抽取多少盘进行力学性能试验和其他试验？

案例 27

【背景资料】

某项目部承接一项河道整治项目,其中一段景观挡土墙,长50m,连接既有景观挡土墙。该项目平均分为5个施工段进行施工,端缝为20mm。第一施工段临河侧需沉6根基础桩,基础方桩按梅花形布置(如图35所示),围堰与沉桩工程同时开工,再进行挡土墙施工,最后完成新建路面施工与栏杆安装。

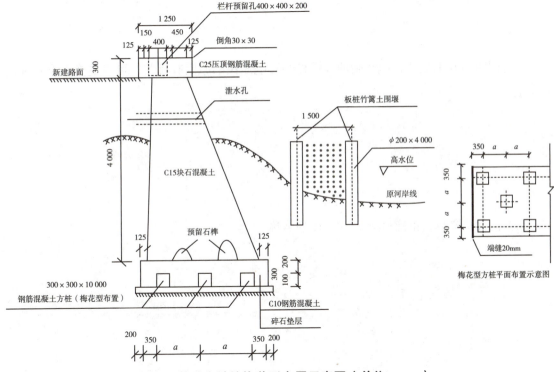

图35 基础方桩按梅花形布置示意图(单位:mm)

项目部根据方案使用柴油锤击桩,遭附近居民投诉,监理随即叫停,要求更换沉桩方式。完工后,进行挡土墙施工,挡土墙施工工序有:机械挖土、A、碎石垫层、基础模板、B、浇筑混凝土、立墙身模板、浇筑墙体、压顶采用一次性施工。

【问题】

1. 根据图35所示，该挡土墙的结构形式属于哪种类型？端缝属于哪种类型？

2. 计算a的数值与第一段挡土墙基础方桩的根数。

3. 监理叫停施工是否合理？柴油锤沉桩会影响居民的原因有哪些？可以更换为哪几种沉桩方式？

4. 根据背景资料，正确写出A、B工序的名称。

案例 28

【背景资料】

某公司承建一项道路扩建工程，在原有道路一侧扩建，并在路口处与现况道路交接。现况道路下方有多条市政管线，新建雨水管线接入现况道路下既有雨水管线。项目部进场后，编制了施工组织设计、管线施工方案、道路施工方案、交通导行方案及季节性施工方案。

道路中央分隔带下布设一条D1 200mm雨水管线，管线长度为800m，采用平接口钢筋混凝土管，道路及雨水管线平面布置如图36所示。

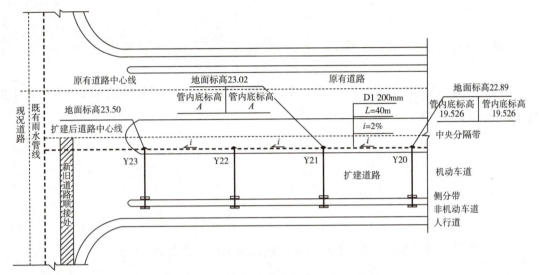

图36 道路及雨水管线平面布置示意图（单位：mm）

沟槽开挖深度$H \leq 4m$，采用放坡法施工，沟槽开挖断面如图37所示；$H > 4m$时，采用钢板桩加内支撑进行支护。

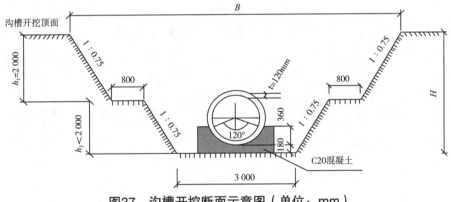

图37 沟槽开挖断面示意图（单位：mm）

为保证管道回填的质量要求，项目部选取了适宜的回填材料，并按规范要求进行施工。

扩建道路与现状道路均为沥青混凝土路面，在新旧路接头处，为防止产生裂缝，采用阶梯型接缝，新旧路接缝处逐层骑缝设置了土工格栅。

【问题】

1.补充该项目还需要编制的专项施工方案。

2.列式计算图36中Y21管内底标高A,以及图37中该处的开挖深度H和沟槽开挖断面上的宽度B(保留1位小数)。(单位:m)

3.写出在管道两侧及管顶以上500mm范围内回填土应注意的施工要点。

4.新旧路接缝处除了骑缝应设置土工格栅外,还有哪几道工序?

案例 29

【背景资料】

某公司承建一项城市桥梁工程,设计为双幅分离式四车道,下部结构为墩柱式桥墩,上部结构为简支梁。该桥盖梁采取支架法施工,项目部编制了盖梁支架模板搭设安装专项方案。包括如下内容：采用盘扣式钢管满堂支架；对支架强度进行计算，考虑了模板荷载，支架自重和盖梁钢筋混凝土的自重；核定地基承载力；对支架搭设范围的地面进行平整预压后搭设支架。盖梁模板支架搭设示意图见图38。架子工因未完成全部斜撑搭设，被工长查出要求补齐。现场支架模板安装完成后，项目部拟立即开始混凝土浇筑，被监理叫停，监理下达了暂停施工通知，并提出整改要求。

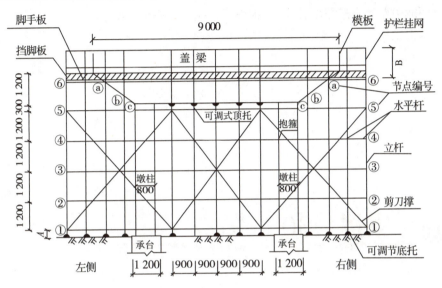

图38 盖梁模板支架搭设示意图（单位：mm）

【问题】

1.写出支架设计中除强度外还应验算的内容。

2.补充计算支架强度时还应考虑的荷载。

3.指出支架搭设过程中存在的问题。

4.指出图38中A、B的数值。

5.写出图38中左侧支架需要补充的2根斜撑两端的对应节点编号。

案例 30

【背景资料】

某公司承建一座城市桥梁工程,双向四车道,桥跨布置为4联×(5×20m),上部结构为预应力混凝土空心板,横断面共布置24片空心板。桥墩构造横断面如图39所示。空心板中板的预应力钢绞线设计有N1、N2两种形式,均由同规格的单根钢绞线索组成,空心板中板构造及钢绞线索布置图如图40所示。

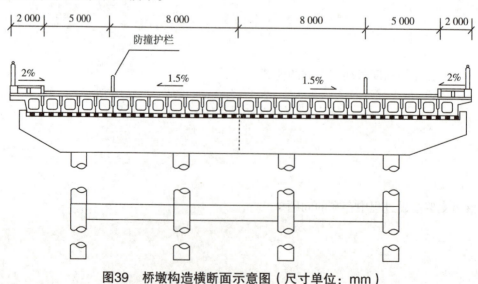

图39 桥墩构造横断面示意图(尺寸单位:mm)

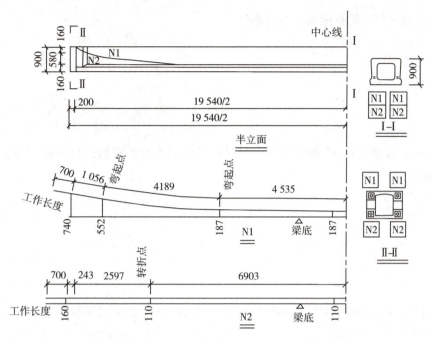

图40 空心板中板构造及钢绞线索布置半立面示意图（尺寸单位：mm）

项目部编制的空心板专项施工方案有如下内容：

（1）钢绞线采购进场时，材料员对钢绞线的包装、标志等材料进行查验，合格后入库存放。随后，项目部组织开展钢绞线见证取样送检工作，检测项目包括表面质量等。

（2）计算汇总空心板预应力钢绞线用量。

（3）空心板预制侧模和芯模均采用定型钢模板、混凝土浇筑完成后及时组织对侧模及芯模进行拆除，以便最大程度地满足空心板预制进度。

（4）空心板浇筑混凝土施工时，项目部对混凝土拌合物进行质量控制，分别在混凝土拌合站和预制厂浇筑地点随机取样检测混凝土拌合物的坍落度，其值分别为 A 和 B，并对坍落度测值进行评定。

【问题】

1.结合图40，指出空心板预应力体系分别属于先张法和后张法、有粘结和无粘结预应力体系中的哪种体系。

2. 指出存放钢绞线的仓库需具备的条件。

3. 补充施工方案（1）中钢绞线入库时材料员还需查验的资料；指出钢绞线见证取样还须检测的项目。

4. 列式计算全桥空心板中板的钢绞线用量。（单位为m，计算结果保留3位小数）

5. 分别指出施工方案（3）中空心板预制时侧模和芯模拆除所需要满足的条件。

6. 分别指出施工方案（4）中坍落度值 A、B 的大小关系，以及混凝土质量评定时应使用的数值。

案例 31

【背景资料】

某公司承建一项城市主干路工程,长度为2.4km,在桩号K1+180~K1+196位置与铁路斜交,采用四跨地道桥顶进下穿铁路的方案。为保证铁路正常通行,施工前由铁路管理部门对铁路线进行加固。顶进工作坑顶进面采用放坡加网喷混凝土方式支护,其余三面采用钻孔灌注柱加桩间网喷支护,施工平面及剖面图如图41、图42所示。

项目部编制了地道桥基坑降水、支护、开挖、顶进方案,并通过了相关部门审批。施工流程如图43所示。

混凝土钻孔灌注桩施工过程包括以下内容:采用旋挖钻成孔,桩顶设置冠梁,钢筋笼主筋采用直螺纹套筒连接,桩顶锚固钢筋伸入冠梁的长度按500mm进行预留,混凝土浇筑至桩顶设计高程后,立即开始相邻桩的施工。

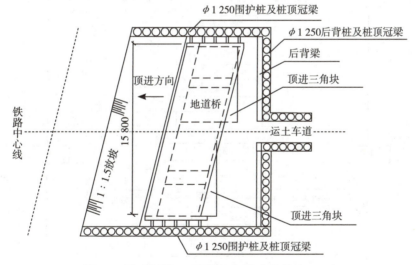

图41 地道桥施工平面示意图(单位:mm)

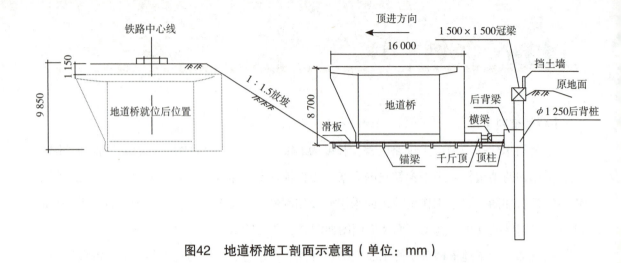

图42 地道桥施工剖面示意图（单位：mm）

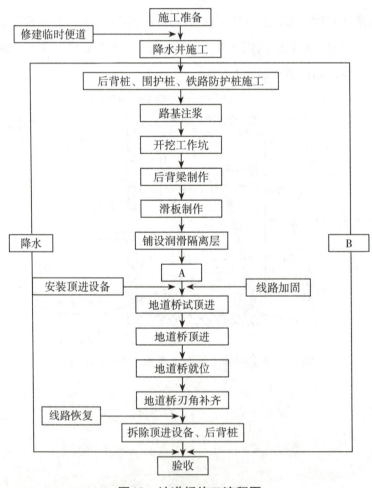

图43 地道桥施工流程图

【问题】

1. 直螺纹连接套筒进场时需要提供哪项报告？写出钢筋丝头加工工具和连接件检测专用工具的名称。

2. 改正混凝土灌注桩施工过程的错误之处。

3. 补全施工流程图中A、B的名称。

4. 地道桥每次顶进除检查液压系统外，还应检查哪些部位的使用状况？

5. 每一个顶程中测量的内容应包括哪些？

6. 地道桥顶进施工应考虑的防排水措施是哪些？

案例 32

【背景资料】

某城市供热外网一次线工程，管道为DN500mm钢管，设计供水温度为110℃，回水温度为70℃，工作压力为1.6MPa。沿现况道路辐射段采用DN2 600mm钢筋混凝土管作为套管，泥水平衡机械顶进，套管位于卵石层中，卵石最大粒径300mm，顶进总长度421.8m。顶管与现状道路位置关系见图44。

开工前，项目部组织相关工作人员进行现场调查，重点是顶管影响范围地下管线的具体位置和运行状况，以便加强对道路、地下管线的巡视和保护，确保施工安全。

项目部编制顶管专项施工方案：在永久检查井处施作工作竖井，制定道路保护和泥浆处理措施。项目部制定应急预案，现场制备了水泥、砂、注浆设备、钢板等应急材料，保证道路交通安全。套管顶进完成后，在套管内安装供热管道，断面布置见图45。

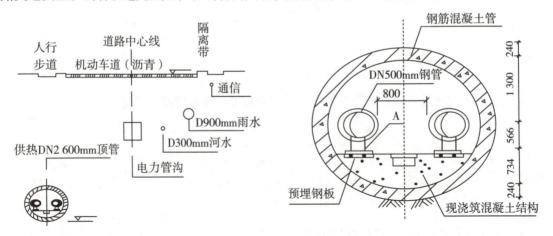

图44 顶管与道路位置关系示意图　　图45 供热管道安装断面图

（高程单位：m；尺寸单位：mm）

【问题】

1.根据图45，指出供热管道顶管段属于哪种管沟敷设类型。

2.顶管临时占路施工需经哪些部门批准？

3.为满足绿色施工要求，项目部可采取哪些泥浆处理措施？

4.如出现道路沉陷，项目部可利用现场材料采取哪些应急措施？

5.指出构件A的名称，并简述构件A安装的技术要点。

案例 33

【背景资料】

A公司承建城市道路改扩建工程，其中新建一座单跨简支桥梁，节点工期为90天，项目部编制了桥梁施工进度网络计划图如图46所示。A公司技术负责人在审核中发现该施工进度计划不能满足节点工期要求，工序安排不合理，要求在每项工作作业时间不变、桥台钢模板仍为一套的前提下对网络进度计划进行优化。桥梁工程施工前，由专职安全员对整个桥梁工程进行了安全技术交底。

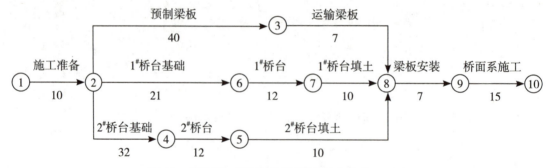

图46 桥梁施工进度网络计划图（单位：天）

桥台施工完成后在台身上发现较多裂缝，裂缝宽度为0.1~0.4mm，深度为3~5mm，经检测鉴定这些裂缝危害性较小，仅影响外观质量，项目部按程序对裂缝进行了处理。

【问题】

1.绘制该桥优化后的施工进度网络计划图，并给出关键线路和节点工期。

2.针对该桥梁工程施工前安全技术交底的不妥之处给出正确做法。

3.按裂缝深度分类，背景材料中的裂缝属于哪种类型？试分析裂缝可能形成的原因。

4.给出背景材料中裂缝的处理方法。

案例 34

【背景资料】

某市新建生活垃圾填埋场,工程规模为日消纳量200t,向社会公开招标,采用资格后审并设最高限价,接受联合体投标。A公司缺少防渗系统施工业绩,为加大中标概率,与有业绩的B公司组成联合体投标;C公司和D公司组成联合体投标,同时C公司又单独参加该项目的投标;参加投标的还有E、F、G等其他公司,其中E公司投标报价高于限价,F公司报价最低。

A公司中标后准备单独与业主签订合同,并将防渗系统的施工分包给报价更优的C公司,被业主拒绝,业主要求A公司立即改正。

项目部进场后,确定了本工程的施工质量控制要点,重点加强施工过程质量控制,确保施工质量。项目部编制了渗沥液收集导排系统和防渗系统的专项施工方案,其中收集导排系统采用HDPE渗沥液收集花管,其连接工艺流程如图47所示。

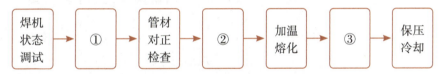

图47 HDPE管焊接施工工艺流程图

【问题】

1. 上述投标中无效的投标文件有哪些?为什么?

2. A公司应如何改正才符合业主的要求?

3.施工质量过程控制包含哪些内容？

4.指出工艺流程图47中①、②、③的工序名称。

5.补充渗沥收集导排系统的施工内容。

案例 35

【背景资料】

A公司承接一项DN1 000mm天然气管线工程，管线全长4.5km，设计压力为4.0MPa，材质为L485，除穿越的一条宽度为50m的非通航河道采用泥水平衡法顶管施工外，其余均采用开槽明挖施工，B公司负责该工程的监理工作。

工程开工前，A公司踏勘了施工现场，调查了地下设施、管线和周边环境，了解水文地质情况后，建议将顶管法施工改为水平定向钻施工。经建设单位同意后办理了变更手续，A公司编制了水平定向钻施工专项方案。建设单位组织了包含B公司总工程师在内的5名专家对专项方案进行了论证，项目部结合论证意见进行了修改，并办理了审批手续。

为顺利完成穿越施工，参建单位除研究设定钻进轨迹外，还采用专业浆液现场配制泥浆液，以便在定向钻穿越过程中起到如下作用：软化硬质土层、调整钻进方向、为泥浆马达提供保护。

项目部按所编制的穿越施工专项方案组织施工，施工完成后在投入使用前进行了管道功能性试验。

【问题】

1. 简述A公司将顶管法施工变更为水平定向钻施工的理由。

2. 指出本工程专项方案论证的不合规之处，并给出正确的做法。

3. 试补充水平定向钻泥浆液在钻进中的作用。

4. 列出水平定向钻有别于顶管施工的主要工序。

5. 本工程管道功能性试验应如何进行？

案例 36

【背景资料】

某市政工程公司承建城市主干道改造工程标段,合同金额为9 800万元,工程主要内容为:主线高架桥梁、匝道桥梁、挡土墙及引道(如图48所示)。桥梁基础采用钻孔灌注桩,上部结构为预应力混凝土连续箱梁,采用满堂支架法现浇施工;边防撞护栏为钢筋混凝土结构。

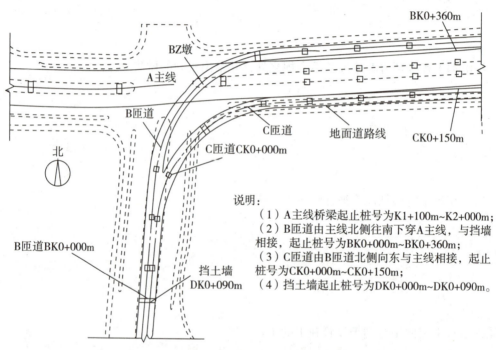

说明:
(1)A主线桥梁起止桩号为K1+100m~K2+000m;
(2)B匝道由主线北侧往南下穿A主线,与挡墙相接,起止桩号为BK0+000m~BK0+360m;
(3)C匝道由B匝道北侧向东与主线相接,起止桩号为CK0+000m~CK0+150m;
(4)挡土墙起止桩号为DK0+000m~DK0+090m。

图48 桥梁总平面布置示意图

施工期间发生如下事件:

事件一:在工程开工前,项目部会同监理工程师,根据《城市桥梁工程施工与质量验收规范》(CJJ2—2008)等确定和划分了本工程的单位(子单位)工程、分部分项工程及检验批。

事件二:项目部进场后配备了专职安全管理人员,并为承重支模架编制了专项安全应急预案。应急预案的主要内容有:事故类型和危害程度分析、应急处置基本原则、预防与预警、经济处置等。

事件三:在施工安排时,项目部认为主线与匝道交叉部位及交叉口以东主线和匝道并行部位是本工程的施工重点,主要施工内容有:匝道基础及下部结构、匝道上部结构、主线基础及下部结构(含B匝道BZ墩)、主线上部结构。在施工期间需要进行3次交通导行,因此必须确定合理的施工顺序，项目部经仔细分析后确认的施工流程如图49所示：

图49　施工作业流程图

另外项目部配置了边防撞栏定型组合钢模板，每次可浇筑防撞护栏长度200m，每4天可周转一次，在上部结构基本完成后开始施工边防撞护栏，直至施工完成。

【问题】

1.事件一中，本工程的单位（子单位）工程有哪些？

2.指出钻孔灌注桩验收的分项工程和检验批。

3.本工程至少应配备几名专职安全员？说明理由。

4.补充完善事件二中的专项安全应急预案的内容。

5.图49中的①、②、③、④分别对应哪项施工内容？

6.事件三中,边防撞护栏的连续施工至少需要多少天?(列式分步计算)

案例 37

【背景资料】

某施工单位中标承建过街地下通道工程,周边地下管线较复杂。设计采用明挖基坑做法施工,隧道基坑总长80m,宽12m,开挖深度10m,基坑围护结构采用SMW工法桩;基坑沿深度方向设有2道支撑,其中第一道支撑为钢筋混凝土支撑,第二道支撑为钢管支撑(见图50),基坑场地地层自上而下依次为:2m厚素填土、6m厚黏质粉土、10m厚砂质粉土,地下水埋深约1.5m,在基坑内布置了5口管井降水。

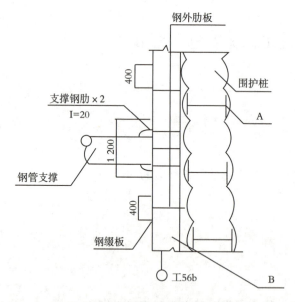

图50 第二道支撑节点平面示意图(单位:mm)

项目部选用坑内小挖机与坑外长臂挖机相结合的土方开挖方案。在挖土过程中发现围护结构有两处出现渗漏现象,渗漏水为清水,项目部立即采取堵漏措施予以处理。堵漏处理造成直接经济损失20万元,工期拖延10天,项目部为此向业主提出索赔。

【问题】

1. 写出图50的中A、B构（部）件的名称，并分别简述其功用。

2. 根据两类支撑的特点分析设置不同类型支撑的理由。

3. 本项目中基坑内的管井起什么作用？

4. 给出项目部堵漏措施的具体步骤。

5. 列出基坑围护结构施工所使用的大型工程机械设备。

案例 38

【背景资料】

某公司承建一项污水处理厂工程，水处理构筑物为地下结构，底板最大埋深为12m，处于富水地层，设计要求管井降水并严格控制基坑内外水位标高变化。基坑周边有需要保护的建筑物和管线。项目部进场，开始了水泥土搅拌桩止水帷幕和钻孔灌注桩围护的施工。对主体结构部分按方案要求对沉淀池、生物反应池、清水池采用单元组合式混凝土结构分块浇筑工法，块间留设后浇带，主体部分混凝土设计强度为C30，抗渗等级为P8。

受拆迁滞后的影响，项目实施进度计划延迟约1个月。为保障项目按时投入使用，项目部提出后浇带部位采用新的工艺以缩短工期，该工艺获得了业主、监理和设计方批准并取得设计变更文件。

底板倒角壁板施工缝止水钢板安装质量是影响构筑物防渗性能的关键，项目部施工员要求施工班组按图纸进行施工，质量检查时发现止水钢板安装如图51所示。

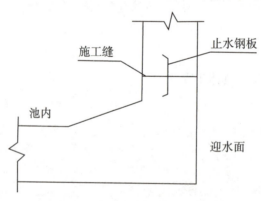

图51　止水钢板安装示意图

混凝土浇筑正处于夏季高温，为保证混凝土浇筑质量，项目部提前与商品混凝土搅拌站进行了沟通，对混凝土配合比、外加剂进行了优化调整。项目部针对高温时现场混凝土的浇筑也制定了相应措施。

在项目部编制的降水方案中，计划将降水抽排的地下水回收利用，并做了如下安排：一是用于现场扬尘控制，进行路面洒水降尘；二是用于场内绿化浇灌和卫生间冲洗，另有富余水量做了溢流措施排入市政雨水管网。

【问题】

1.写出能够保证工期质量和后浇带部位质量的工艺名称和混凝土强度。

2.指出图51中的错误之处,写出可与止水钢板组合应用的提高施工缝防水质量和止水的措施。

3.写出高温时混凝土浇筑应采取的措施。

4.该项目降水后基坑外是否需要回灌?说明理由。

5.补充项目部回收利用降水的用途。

6.完善降水排放的手续和措施。

案例 39

【背景资料】

某公司中标一座跨河桥梁工程,所跨河道流量较小,水深超过5m,河道底土质主要为黏土。项目部编制了围堰施工专项方案,监理审批时认为方案中关于以下内容的描述存在问题:

(1)围堰顶标高不得低于施工期间的最高水位。

(2)钢板桩采用射水下沉法施工。

(3)围堰钢板桩从下游到上游合龙。

项目部接到监理部发来的审核意见后,对方案进行了调整。在围堰施工前,项目部向当地住建局报告,征得同意后开始围堰施工。在项目实施过程中发生了以下事件:

事件一:由于工期紧,电网供电未能及时到位,项目部要求各施工班组自备发电机供电。某施工班组将发电机输出端直接连接到多功能开关箱,将电焊机、水泵和打夯机接入同一个开关箱,以保证工地按时开工。

事件二:围堰施工需要起重机配合,因起重机司机发烧就医,施工员临时安排一名汽车司机代班。由于起重机支腿下面的土体下陷,起重机侧翻,所幸没有造成人员伤亡,项目部紧急调动机械将侧翻起重机扶正,稍作保养后又投入工作中,没有延误工期。

【问题】

1.针对围堰施工专项方案中存在的问题给出正确做法。

2.围堰施工前还应征得哪些部门同意?

3.事件一中的用电管理有哪些不妥之处？说明理由。

4.汽车司机能操作起重机吗？为什么？

5.事件二中，起重机扶正并稍作保养后能立即投入工作吗？简述理由。

6.事件二中，项目部在设备安全管理方面存在哪些问题？给出正确做法。

案例 40

【背景资料】

A公司中标长3km的天然气钢质管道工程，管径DN300mm，设计压力为0.4MPa，采用明开槽法施工。项目部拟定的燃气管道施工程序如下：沟槽开挖→管道安装、焊接→a→管道吹扫→b试验→回填土至管顶上方0.5m→c试验→焊口防腐→敷设d→回填土至设计标高。在项目实施过程中发生了如下事件：

事件一：A公司提取中标价的5%作为管理费后把工程包给了B公司，B公司组建项目部后以A公司的名义组织施工。

事件二：沟槽清底时，质量检查人员发现局部有超挖，最深达15cm，且槽底土体含水量较高。

工程施工完成并达到下列基本条件后，建设单位组织了竣工验收：①施工单位已完成工程设计和合同约定的各项内容；②监理单位出具工程质量评估报告；③设计单位出具工程质量检查报告；④工程质量检验合格，检验记录完整；⑤已按合同约定支付工程款；⑥……。

【问题】

1. 施工程序中的a、b、c、d分别是什么？

2. 事件一中，A、B公司的做法违反了法律法规中的哪些规定？

3. 依据《城镇燃气输配工程施工及验收标准》（GB/T 51455—2023），对事件二中的情况应如何补救处理？

4. 依据《房屋建筑和市政基础设施工程竣工验收规定》（建质〔2013〕171号），补充工程竣工验收基本条件中所缺的内容。

案例 41

【背景资料】

某公司中标污水处理厂升级改造工程，处理规模为70万m^3/D，其中包括中水处理系统。中水处理系统的配水井为矩形钢筋混凝土半地下室结构，平面尺寸为17.6m×14.4m，高11.8m，设计水深9m；底板、顶板厚度分别为1.1m、0.25m。施工过程中发生了如下事件：

事件一：配水井基坑边坡坡度1：0.7（基坑开挖不受地下水影响），采用厚度6~10cm的细石混凝土护面。配水井顶板现浇施工采用扣件式钢管支架，支架剖面如图52所示。模板对拉螺栓细部结构图和拆模后螺栓孔处置节点图如图53和图54所示。方案报公司审批时，主管部门认为基坑缺少降、排水设施，顶板支架缺少重要杆件，要求修改补充。

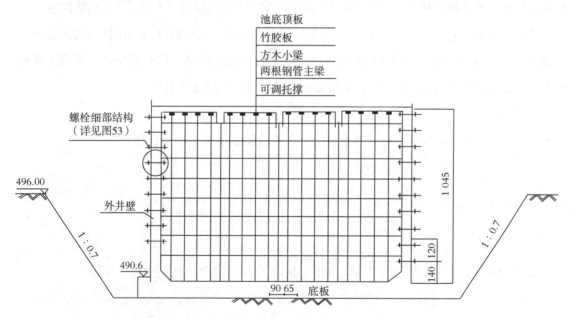

图52 配水井顶板支架剖面示意图（标高单位：m；尺寸单位：cm）

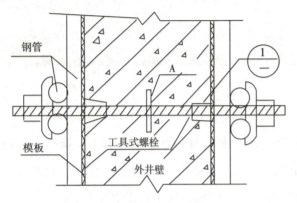

图53 模板对拉螺栓细部结构图

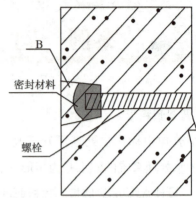

图54 拆模后螺栓孔处置节点图

事件二：在基坑开挖时，现场施工员认为土质较好，拟取消细石混凝土护面，被监理工程师发现后制止。

事件三：项目部识别了现场施工的主要危险源，其中配水井施工现场主要的易燃易爆物体包括脱模剂、油漆稀释料……。项目部针对危险源编制了应急预案，给出了具体预防措施。

事件四：施工过程中，由于设备安装工期压力，未对中水管道进行功能性试验就进行了道路施工（中水管道在道路两侧）。试运行时中水管道出现问题，破开道路对中水管道进行修复，造成经济损失180万元，施工单位为此向建设单位提出费用索赔。

【问题】

1. 图52中的基坑缺少哪些降、排水设施？顶板支架缺少哪些重要杆件？

2. 指出图53和图54中A、B的名称，并简述本工程采用这种形式的螺栓的原因。

3. 事件二中，监理工程师为什么会制止现场施工员的行为？取消细石混凝土护面应履行什么手续？

4.事件三中,现场的易燃易爆物体危险源还应包括哪些?

5.事件四所造成的损失能否进行索赔?说明理由。

6.配水井满水试验至少应分几次进行?分别列出每次注水的高度。

案例 42

【背景资料】

某公司承建城市主干道的地下隧道工程,长520m,为单箱双室类型钢筋混凝土结构。该工程采用明挖顺作法施工,隧道基坑深10m,基坑安全等级为一级,基坑支护与主体结构设计断面示意图如图55所示,围护桩为钻孔灌注桩;截水帷幕为双排水泥土搅拌桩,两道内支撑中间设立柱支撑;基坑侧壁与隧道侧墙的净距为1m。

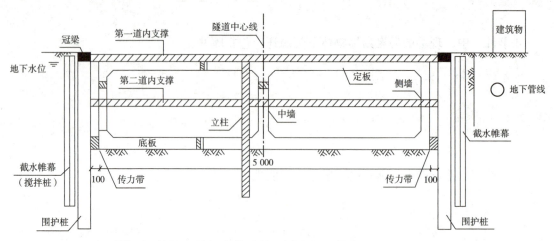

图55 基坑支护与主体结构设计断面示意图（单位：cm）

项目部编制了专项施工方案，确定了基坑施工和主体结构施工方案，对结构施工与拆撑、换撑进行了详细安排。施工过程中发生了如下事件：

事件一：进场踏勘时发现有一条横跨隧道的架空高压线无法转移，鉴于水泥土搅拌机设备与高压线的距离处于危险范围，导致高压线两侧共计20m范围内的水泥土搅拌桩无法施工。项目部建议变更此范围内的截水帷幕设计，建设单位同意设计变更。

事件二：项目部编制的专项施工方案，隧道主体结构与拆撑、换撑施工流程为：底板垫层施工→（2）→传力带施工→（4）→隧道中墙施工→隧道侧墙和顶板施工→基坑侧壁与隧道侧墙间隙回填→（8）。

事件三：某日上午监理人员在巡视工地时，发现以下问题，要求立即整改：

①在开挖工作面位置，第二道内支撑未安装的情况下，已开挖至基坑底部。

②为方便挖土作业，挖掘机司机擅自拆除支撑立柱的个别水平联系梁。当日下午，项目部接到基坑监测单位关于围护结构变形超过允许值的报警。

③已开挖至基底的基坑侧壁局部位置出现漏水，水中夹带少量泥沙。

【问题】

1.还有哪些方案需要进行专家论证？项目部编制的专项施工方案应包括哪些内容？

2.针对事件一,你认为应变更成什么形式的截水帷幕?根据相关规定,此次设计变更引起的工作造价增加是否应计量?简要说明理由。

3.写出项目部办理设计变更的步骤。

4.请补充工序图中(2)(4)(8)所代表的工序内容。

5.针对本案例中的基坑类型,应监测项目包括哪些内容?

6.事件三有什么不妥,应如何进行整改?

案例 43

【背景资料】

某公司承建一座城郊跨桥工程,双向四车道,桥面宽度为30m,横断面路幅划分为2m(人行道)+5m(非机动车道)+16m(车行道)+5m(非机动车道)+2m(人行道)。上部结构为5m×20m预制预应力混凝土简支空心板梁;下部结构为构造A及φ130cm圆柱式墩,基础采用φ150cm钢筋混凝土钻孔灌注桩;重力式U型桥台;桥面铺装结构层包括厚10cm沥青混凝土、构造B、防水层。桥梁立面如图56所示。

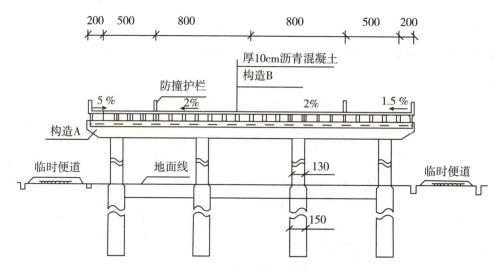

图56 桥梁立面示意图(单位:cm)

项目部编制的施工组织设计明确了如下事项:

(1)桥梁的主要施工工序编号为:①桩基;②支座垫石;③墩台;④安装空心板梁;⑤构造A;⑥防水层;⑦现浇构造B;⑧安装支座;⑨现浇湿接缝;⑩摊铺沥青混凝土及其他。施工工艺流程为:①桩基→③墩台→⑤构造A→②支座垫石→⑧安装支座→④安装空心板梁→C→D→E→⑩摊铺沥青混凝土及其他。

(2)公司具备梁板施工安装的技术且拥有汽车起重机、门式吊梁车、跨墩龙门吊、穿巷式架桥机、浮吊、梁体顶推等设备。经方案比选,确定采用汽车起重机安装空心板梁。

(3)空心板梁安装前,对支座垫石进行检查验收。

【问题】

1. 写出图56中构造A、B的名称。

2. 写出施工工艺流程中C、D、E的名称或工序编号。

3. 依据公司现有设备,除了采用汽车起重机安装空心板梁外,还可采用哪些设备?

4. 指出项目部选择汽车起重机安装空心板梁应考虑的优点。

5. 写出支座垫石验收的质量检验主控项目。

案例 44

【背景资料】

某公司承建一段区间隧道，长度1.2km，埋深（覆土深度）8m，净宽5.6m，净高5.5m；支护结构形式采用钢拱架-钢筋网喷射混凝土，辅以超前小导管注浆加固。区间隧道上方为现况城市道路，道路下埋置有雨水、污水、燃气、热力等管线，地质资料显示，隧道围岩等级为Ⅳ、Ⅴ级。

该区间隧道采用暗挖法施工，施工时遵循浅埋暗挖技术的"十八字"方针。根据隧道的断面尺寸、所处地层、地下水等情况，施工方案中的开挖方法选用正台阶法，每循环进尺为1.5m。

隧道掘进过程中突发涌水，导致土体坍塌事故，造成3人重伤。事故发生后，现场管理人员立即向项目经理报告。项目经理随即组织有关人员封闭事故现场，采取有效措施控制事故扩大，开展事故调查，并对事故现场进行清理，将重伤人员送至医院进行救治。事故调查发现，导致事故发生的主要原因有：

（1）由于施工过程中地面变形，导致污水管道突发破裂涌水。

（2）超前小导管支护长度不足，实测长度仅为2m；且两排小导管沿隧道纵向无搭接，不能起到有效的超前支护作用。

（3）隧道施工过程中未进行监测，无法对事故发生进行预测。

【问题】

1.根据《生产安全事故报告和调查处理条例》（中华人民共和国国务院令第493号），本次事故属于哪种等级？指出事故中调查组织形式的错误之处。说明理由。

2.分别指出事故现场处理方法、事故报告的错误之处，并给出正确的做法。

3.隧道施工中应该对哪些主要项目进行监测？

4.根据背景资料，超前小导管长度应该大于多少米？两排小导管的纵向搭接长度一般不小于多少米？

案例 45

【背景资料】

某管道铺设工程项目，长1km，工程内容包括燃气、给水、热力等项目。热力管道采用支架铺设，合同工期80天，断面布置如图57所示。建设单位采用公开招标方式发布招标公告，有3家单位报名参加投标，经审核，只有甲、乙两家单位符合投标人条件。建设单位为了加快工程建设，决定由甲施工单位中标。

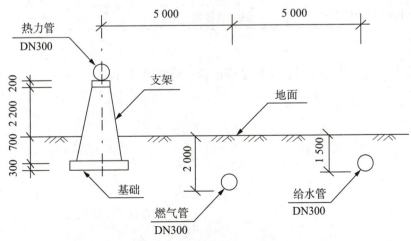

图57 管道工程断面示意图（单位：mm）

开工前,甲施工单位项目部编制了总体施工组织设计,内容包括:

(1)确定了各种管道的施工顺序。具体顺序为:燃气管→给水管→热力管。

(2)确定了各种管道施工工序的工作顺序(见表4),同时绘制了网络计划进度图(如图58所示)。

在热力管道排管的施工过程中,由于下雨影响停工1天,为保证按时完工,项目部采取了加快施工进度的措施。

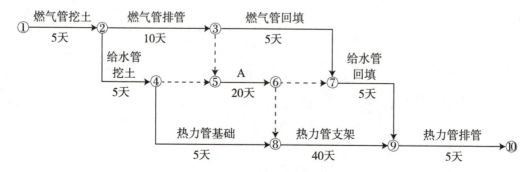

图58 网络计划进度图

表4 各种管道施工工序工作顺序表

紧前工作	工作	紧后工作
—	燃气管挖土	燃气管排管、给水管挖土
燃气管挖土	燃气管排管	燃气管回填、给水管排管
燃气管排管	燃气管回填	给水管回填
燃气管挖土	给水管挖土	给水管排管、热力管基础
B、C	给水管排管	D、E
燃气管回填、给水管排管	给水管回填	热力管排管
给水管挖土	热力管基础	热力管支架
热力管基础、给水管排管	热力管支架	热力管排管
给水管回填、热力管支架	热力管排管	—

【问题】

1.建设单位决定由甲施工单位中标是否正确?请说明理由。

2.给出项目部编制各种管道施工顺序的原则。

3.项目部为加快施工进度应采取什么措施?

4.写出图58中代号A和表4中代号B、C、D、E所代表的工作内容。

5.列式计算图58的工期,并判断工程施工是否满足合同工期要求,同时给出关键线路(关键线路用图58中的代号"①—⑩"及"→"表示)。

案例 46

【背景资料】

某公司中标承建该市城郊结合部交通改扩建高架工程,该高架工程结构为现浇预应力钢筋混凝土连续箱梁,桥梁底板距地面高15m,宽17.5m,主线长720m,桥梁中心轴线位于既有道路边线。在既有道路中线附近有埋深1.5m的现状DN500mm自来水管道和光纤线缆,平面布置如图59所示。该高架桥横跨132m的鱼塘和菜地,设计跨径组合为(41.5+49+41.5)m,其余为标准联,跨径组合为(28+28+28)m×7联。该高架工程采用支架法施工,下部结构为:H型墩身下设10.5m×6.5m×3.3m承台(埋深在光纤线缆下0.5m),承台下设有直径1.2m、深18m的人工挖孔灌注桩。

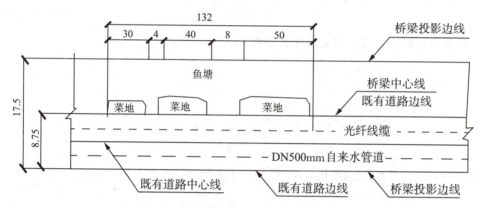

图59 某市城郊改扩建高架桥平面布置示意图(单位:m)

项目部进场后,在编制的施工组织设计中提出了"支架地基加固处理"和"满堂支架设计"两个专项方案。在"支架地基加固处理"专项方案中,项目部认为在支架地基预压时的荷载应是不小于支架地基承受的混凝土结构物恒荷载的1.2倍即可,并根据相关规定组织召开了专家论证会,邀请了含本项目技术负责人在内的4位专家对方案内容进行了论证。专项方案经论证后,专家组提出了应补充该工程上部结构的施工流程及支架地基预压荷载验算需修改完善的指导意见。项目部未按专家组要求补充该工程上部结构施工流程和支架地基预压荷载验算,只针对其他少量问题作了修改,上报项目总监和建设单位项目负责人审批时未能通过。

【问题】

1.写出该工程上部结构施工流程(自箱梁钢筋验收完成到落架结束,混凝土架用一次浇筑法)。

2.编写"支架地基加固处理"专项方案的主要因素是什么?

3. "支架地基加固处理"后的合格判断标准是什么?

4. 在支架地基预压方案中,还有哪些因素应进入预压荷载计算?

5. 该项目中除了"DN500mm自来水管道、光纤线缆保护方案"和"预应力张拉专项方案"以外,还有哪些内容属于"危险性较大的分部分项工程"范围内的未上报专项方案?请补充完整。

6. 项目部邀请了含本项目技术负责人在内的4位专家对两个专项方案进行论证的结果是否有效?如无效,请说明理由并写出正确做法。

案例 47

【背景资料】

某公司承建一座城市互通工程,工程内容包括①主线跨线桥(Ⅰ、Ⅱ)、②左匝道跨线桥、③左匝道一、④右匝道一、⑤右匝道二等5个子单位工程，平面布置如图60所示。两座跨线桥均为预应力混凝土连续箱梁桥，其余匝道均为道路工程。主线跨线桥跨越左匝道一；左匝道跨线桥跨越左匝道一及主线跨线桥；左匝道一为半挖半填路基工程，挖方除就地利用外，剩余土方用于右匝道一；右匝道一采用混凝土挡墙路堤工程，欠方需外购解决；右匝道二为利用原有道路的路面局部改造工程。

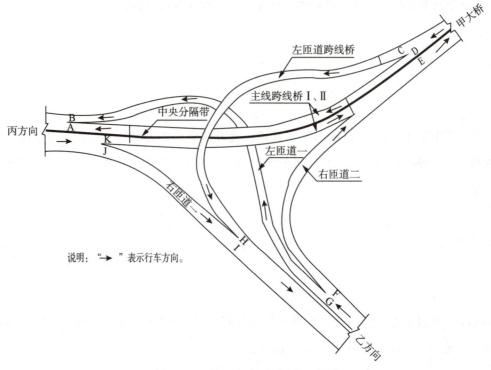

图60 互通工程平面布置示意图

主线跨线桥Ⅰ的第2联为（30m+48m+30m）预应力混凝土连续箱梁，其预应力张拉端钢绞线束横断面布置如图61所示。预应力钢绞线采用公称直径ϕ15.2mm高强低松弛钢绞线，每根钢绞线由7根钢丝捻制而成。代号S22的钢绞线束由15根钢绞线组成，其在箱梁内的管道长度为108.2m。

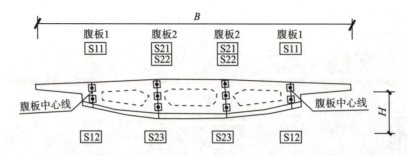

图61 主线跨线桥Ⅰ第2联箱梁预应力张拉端钢绞线束横断面布置示意图

由于工程位于城市交通主干道，交通繁忙，交通组织难度大，因此，建设单位对施工单位提出的总体施工要求如下：

（1）总体施工组织设计的安排应本着先易后难的原则，逐步实现各向交通通行互通的任务。

（2）施工期间应尽量减少对交通的干扰，优先考虑主线交通通行。

根据工程特点，施工单位编制的总体施工组织设计中，除了按照建设单位的要求确定了5个子单位工程的开工和完工的时间顺序外，还制定了如下事宜：

事件一：为限制超高车辆通行，主线跨线桥和左匝道跨线桥施工期间，在相应的道路上设置车辆通行限高门架，选择在图60中所示的A~K的道路横断面处设置。

事件二：两座跨线桥施工均在跨越道路的位置采用钢管-型钢（贝雷桁架）组合门式支架方案，并采取了安全防护措施。

事件三：编制了主线跨线桥I的第2联箱梁预应力的施工方案，具体如下：

（1）该预应力管道的竖向布置为曲线形式，确定了排气孔和排水孔在管道中的位置。

（2）预应力钢绞线的张拉采用两端张拉的方式。

（3）确定了预应力钢绞线张拉顺序的原则和各钢绞线束的张拉顺序。

（4）确定了预应力钢绞线张拉的工作长度为100cm，并计算了钢绞线的用量。

【问题】

1.写出5个子单位工程符合交通通行条件的先后顺序（用背景资料中各个子单位工程的代号"①~⑤"及"→"表示）。

2.事件一中，主线跨线桥和左匝道跨线桥施工期间应分别在哪些位置设置限高门架（用图60中所示的道路横断面的代号"A~K"表示）？

3.事件二中，两座跨线桥施工时应设置多少座组合门式支架？指出组合门式支架应采取哪些安全防护措施。

4.事件三中，预应力管道的排气孔和排水孔应分别设置在管道的哪些位置？

5.事件三中，写出预应力钢绞线张拉顺序的原则，并给出图61中各钢绞线束的张拉顺序（用图61中所示的钢绞线束的代号"S11~S23"及"→"表示）。

6.事件三中，结合背景资料，列式计算图61中代号为S22的所有钢绞线束需用多少米钢绞线制作而成？

案例 48

【背景资料】

某公司承建一座城市桥梁工程，双向六车道，桥面宽度为36.5m，主桥设计为T形刚构，跨径组合为50m+100m+50m，上部结构采用C50预应力混凝土现浇箱梁；下部结构采用柱式钢筋混凝土墩台，基础采用φ200cm钢筋混凝土钻孔灌注桩。桥梁立面构造如图62所示。

项目部编制的施工组织设计有如下内容：上部结构采用搭设满堂式钢支架施工方案；将上部结构箱梁划分为①②③④⑤等五种节段，⑤节段为合龙段，长度2m，确定了施工顺序。上部结构箱梁节段划分如图62所示。

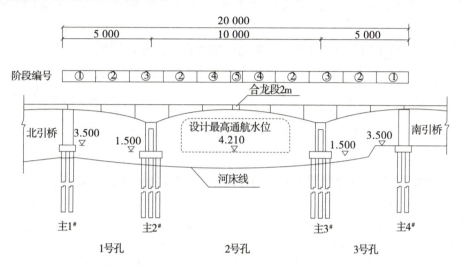

图62 桥梁立面构造及上部结构箱梁节段划分示意图（标高单位：m；尺寸单位：cm）

施工过程中发生如下事件：

事件一：施工前，项目部派专人联系相关行政主管部门办理施工占用审批许可。

事件二：施工过程中，受主河道的影响及通航需求，项目部取消了原施工组织设计中上部结构箱梁②④⑤节段的满堂式钢支架施工方案，变更了施工方案，并重新组织召开专项施工方案专家论证会。

事件三：施工期间，河道通航不中断。箱梁施工时，为防止高空作业对桥下通航的影响，项目部按照施工安全管理的相关规定，在高空作业平台上采取了安全防护措施。

事件四：合龙段施工前，项目部在箱梁④节段的悬臂端预加压重，并在浇筑混凝土过程中逐步撤除。

【问题】

1. 指出事件一中的相关行政主管部门有哪些。

2.事件二中，写出施工方案变更后上部结构箱梁的施工顺序（用图62中的编号"①~⑤"及"→"表示）。

3.事件二中，指出施工方案变更后上部结构箱梁适宜的施工方法。

4.上部结构施工时，哪些危险性较大的分部分项工程需要组织专家论证？

5.事件三中，分别指出箱梁施工时高空作业平台及作业人员应采取哪些安全防护措施。

6.指出事件四中预加压重的作用。

案例 49

【背景资料】

某公司承建一座城市桥梁工程,该桥上部结构为16×20m预应力混凝土空心板,每跨布置空心板30片。进场后,项目部编制了实施性总体施工组织设计,内容包括:

(1)根据现场条件和设计图纸要求,建设空心板预制场。预制台座采用槽式长线台座,横向连续设置8条预制台座,每条台座1次可预制空心板4片。预制台座构造如图63所示。

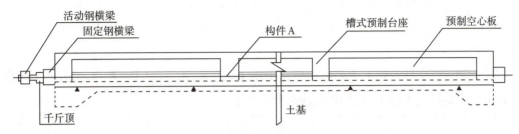

图63 预制台座纵断面示意图

(2)将空心板的预制工作分解成①清理模板、台座,②涂刷隔离剂,③钢筋、钢绞线安装,④切除多余钢绞线,⑤隔离套管封堵,⑥整体放张,⑦整体张拉,⑧拆除模板,⑨安装模板,⑩浇筑混凝土,⑪养护,⑫吊运存放等12道施工工序,并确定了施工工艺流程(如图64所示)。(注:①~⑫为各道施工工序代号)

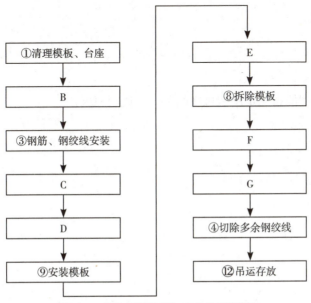

图64 空心板预制施工工艺流程图

（3）计划每条预制台座的生产（周转）效率平均为10天，即考虑各条预制台座在正常流水作业节拍的情况下，每10天每条预制台座均可生产4片空心板。

（4）依据总体进度计划在空心板预制80天后，开始进行吊装作业，吊装进度为平均每天吊装8片空心板。

【问题】

1.根据图63预制台座的结构型式，指出该空心板的预应力体系属于哪种型式，并写出构件A的名称。

2.写出图64中空心板施工工艺流程框图中施工工序B、C、D、E、F、G的名称（选用背景资料中给出的施工工序①~⑫的代号或名称作答）。

3.列式计算完成空心板预制所需的天数。

4.空心板预制进度能否满足吊装进度的需要？说明原因。

案例 50

【背景资料】

某公司承建一座市政桥梁工程,桥梁上部结构为9孔30m后张法预应力混凝土T梁,桥宽横断面布置T梁12片,T梁支座中心线距梁端600mm。T梁横截面如图65所示。

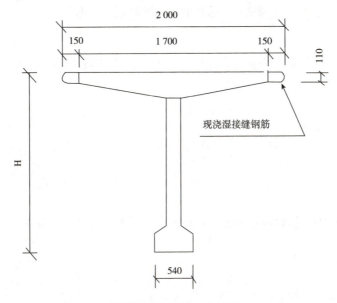

图65 T梁横截面示意图(单位:mm)

项目部进场后,拟在桥位线路上现有城市次干道旁租地建设T梁预制场,平面布置如图66所示。同时编制了预制场的建设方案:(1)混凝土采用商品混凝土;(2)预制台座数量按预制工期120天、每片梁预制占用台座时间为10天配置;(3)在T梁预制施工时,现浇湿接缝钢筋不弯折,两个相邻预制台座间要求具有宽度2m的支模及作业空间;(4)露天钢材堆场经整平碾压后表面铺砂厚50mm;(5)由于该次干道位于城市郊区,预制场用地范围采用高1.5m的松木桩挂网围护。监理审批预制场建设方案时,指出预制场围护不符合规定,在施工过程中发生了如下事件:

事件一:雨季导致现场堆放的钢绞线外包装腐烂破损,钢绞线堆放场处于潮湿状态。

事件二:T梁钢筋绑扎、钢绞线安装、支模等工作完成并检验合格后,项目部开始浇筑T梁混凝土。混凝土浇筑采用从一端向另一端全断面一次性浇筑完成。

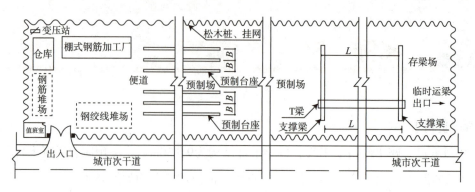

图66 T梁预制场平面布置示意图

【问题】

1. 全桥共有T梁多少片？为完成T梁预制任务，最少应设置多少个预制台座？均需列式计算。

2. 列式计算图66中预制台座的间距B和支撑梁的间距L。（单位：m）

3. 写出预制场围护的正确做法。

4. 事件一中的钢绞线应如何存放？

5.事件二中，T梁混凝土应如何正确浇筑？

案例 51

【背景资料】

某城市水厂改扩建工程，工程内容包括多个现有设施改造和新建系列构筑物。新建的一座半地下式混凝沉淀池，池壁高度为5.5m，设计水深为4.8m，容积为中型水池，钢筋混凝土为薄壁结构，混凝土设计强度C35、防渗等级P8。池体地下部分处于硬塑状粉质黏土层和夹砂黏土层，有少量浅层滞水，无须考虑降水施工。

鉴于工程项目结构复杂且不确定因素多，项目部进场后，项目经理主持了设计交底，在现场调研和审图基础上，向设计单位提出多项设计变更申请。

项目部编制的混凝沉淀池专项施工方案内容包括：明挖基坑采用无支护的放坡开挖形式；池底板设置后浇带分次施工，池壁竖向分两次施工，施工缝设置钢板止水带，模板采用特制钢模板，防水对拉螺栓固定。混凝沉淀池施工缝横断面布置如图67所示。依据进度计划安排，施工进入雨期。

混凝沉淀池专项施工方案经修改和补充后获准实施。池壁混凝土首次浇筑时发生跑模事故，经检查确定为对拉螺栓滑扣所致。池壁混凝土浇筑完成后挂编织物洒水养护，监理工程师巡视发现编织物呈干燥状态，发出整改通知。

依据厂方意见，所有改造和新建的给水构筑物进行单体满水试验。

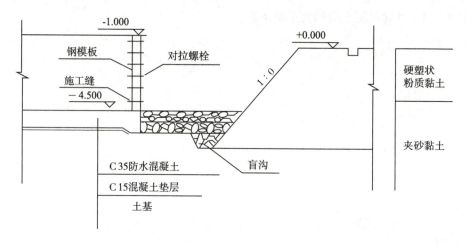

图67 混凝沉淀池施工缝横断面布置图（单位：m）

【问题】

1. 由项目经理主持设计交底的做法有无不妥之处？如不妥，写出正确做法。

2. 项目部申请设计变更的程序是否正确？如不正确，写出正确做法。

3. 找出图67中存在的应修改和补充之处。

4. 试分析池壁混凝土浇筑跑模事故的可能原因。

5.监理工程师为何要求整改混凝土养护工作？简述养护的技术要求。

6.写出满水试验时混凝沉淀池的注水次数和高度。

案例 52

【背景资料】

A公司为某水厂改扩建工程总承包单位，工程包括新建滤池、沉淀池、清水池、进水管道及相关的设备安装，其中，设备安装经招标后由B公司实施。施工期间，水厂要保持正常运营。新建清水池为地下构筑物，池体平面尺寸为128m×30m，高度为7.5m，纵向设两道变形缝，其横断面及变形缝构造见图68、图69。鉴于清水池为薄壁结构且有顶板，施工方案决定在清水池高度方向上分三次浇注混凝土，并合理划分清水池的施工段。

A公司项目部进场后将临时设施中的生产设备搭设在施工的构筑物附近，其余的临时设施搭设在原厂区构筑物之间的空地上，并与水厂签订施工现场管理协议。B公司进场后，A公司项目部安排B公司将临时设施搭设在厂区内的滤料堆场附近，造成部分滤料损失。水厂物资部门向B公司提出赔偿滤料损失的要求。

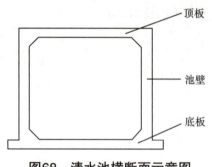

图68 清水池横断面示意图

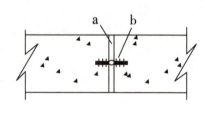

图69 变形缝构造示意图

【问题】

1. 分析本案例中施工环境的主要特点。

2. 清水池高度方向施工需设几道施工缝，应分别在什么位置？

3. 写出图69中a、b材料的名称。

4. 简述清水池划分施工段的主要依据和施工顺序。清水池混凝土应分几次浇注？

5.列出本工程其余临时设施的种类，并指出现场管理协议的责任主体。

案例 53

【背景资料】

某公司承建一段新建城镇道路工程，其雨水管位于非机动车道，设计采用D800mm钢筋混凝土管，相邻井段间距40m，8#、9#雨水井段平面布置图如图70所示，8#~9#类型一致。施工前，项目部对部分相关技术人员的职责、管道施工工艺流程、管道施工进度计划、分部分项工程验收等内容的规定如下：

（1）由A（技术人员）具体负责：确定管线中线、检查井位置与沟槽开挖边线。

（2）由质检员具体负责：沟槽回填土压实度试验；管道与检查井施工完成后，进行管道B试验（功能性试验）。

（3）管道施工工艺流程如下：沟槽开挖与支护→C→下管、排管、接口→检查井砌筑→管道功能性试验→分层回填土与夯实。

（4）管道验收合格后转入道路路基分部工程施工，该分部工程包括填土、整平、压实等工序，其质量检验的主控项目有压实度和D。

（5）管道施工划分为3个施工段，时标网络计划如图71所示（2条虚工作须补充）。

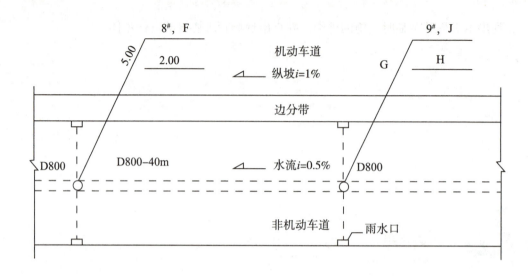

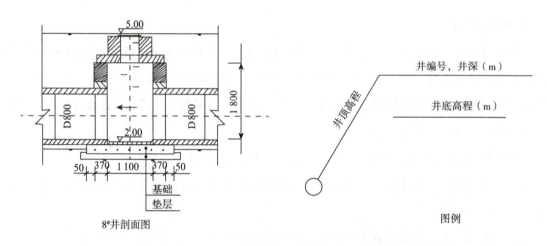

图70 8#~9#雨水井段平面布置示意图（高程单位：m；尺寸单位：mm）

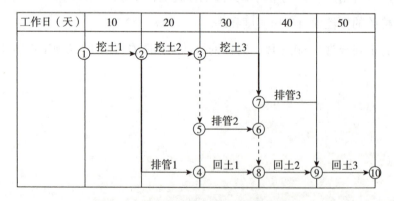

图71 雨水管道施工时标网络计划图

【问题】

1.根据背景资料，写出最符合题意的A、B、C、D的内容。

2.列式计算图70中F、G、H、J的数值。

3.补全图71中缺少的虚工作（用时标网络图提供的节点代号及箭线作答，或用文字叙述，在背景资料中作答无效）。补全后的网络图中有几条关键线路，总工期为多少？

案例 54

【背景资料】

某城市新建主干道，长2.5km，设双向四车道，路面组成结构如下：20cm厚石灰稳定碎石底基层，38cm厚水泥稳定碎石基层，8cm厚粗粒式沥青混合料底面层，6cm厚中粒式沥青混合料中面层，4cm厚细粒式沥青混合料表面层。

项目部编制的施工机械种类计划表中主要有：挖掘机，铲运机，压路机，洒水车，平地机，自卸汽车。

施工方案内容：在石灰稳定碎石底基层直线段由中间向两边，曲线段由外侧向内侧的方式进行碾压。

施工现场设立的公示牌：工程概况牌、安全生产文明施工牌、安全纪律牌。

项目部将20cm厚石灰稳定碎石底基层、38cm厚水泥稳定碎石基层、8cm厚粗粒式沥青混合料底面层、6cm厚中粒式沥青混合料中面层、4cm厚细粒式沥青混合料表面层等5个施工过程分别用Ⅰ、Ⅱ、Ⅲ、Ⅳ、Ⅴ表示，并将Ⅰ、Ⅱ两项划分成4个施工段①、②、③、④。Ⅰ、Ⅱ两项在各施工段上持续时间如表5所示：

表5　Ⅰ、Ⅱ两项在各施工段上持续时间

施工过程	持续时间（单位：周）			
	①	②	③	④
Ⅰ	4	5	3	4
Ⅱ	3	4	2	3

而Ⅲ、Ⅳ、Ⅴ不分施工段连续施工，持续时间均为一周。项目部按各施工段持续时间连续、均衡作业、不平行、搭接施工的原则安排了施工进度计划（如表6所示）。

表6　施工进度计划表

施工过程	施工进度（单位：周）																					
	1	2	3	4	5	6	7	8	9	10	11	12	13	14	15	16	17	18	19	20	21	22
Ⅰ	―①―				――②――																	
Ⅱ							―①―															
Ⅲ																						
Ⅳ																						
Ⅴ																						

【问题】

1.补充施工机械种类计划表中缺少的主要机械。

2.请给出正确的底基层碾压方法，以及沥青混合料的初压设备。

3.沥青混合料碾压温度是依据什么因素确定的?

4.除背景资料中提及的公示牌外,现场还应设立哪些公示牌?

5.请按背景资料中的要求和表6的形式,画出完整的施工进度计划表(用横道图表示),并计算出总工期。

案例 55

【背景资料】

A公司承接一城市天然气管道工程,全长5.0km,设计压力0.4MPa,用DN300mm钢管,均采用成品防腐管。设计采用直埋和定向钻穿越两种施工方法,其中,穿越现状道路路口段采用定向钻方式敷设,钢管在地面连接完成,经无损探伤等检验合格后回拖就位,施工工艺流程如图72所示,穿越段土质主要为填土、砂层和粉质黏土。

直埋段成品防腐钢管到场后,厂家提供了管道的质量证明文件,项目部质检员对防腐层厚度和粘结力做了复试,经检验合格后,开始下沟安装。

定向钻施工前,项目部技术人员进入现场踏勘,利用现状检查井核实地下管的位置和深度,对现状道路开裂、沉陷情况进行统计。项目部根据调查情况编制定向钻专项施工方案。

定向钻钻进施工中，直管钻进段遇到砂层，项目部根据现场情况采取控制钻进速度、泥浆流量和压力等措施，防止出现坍孔、钻进困难等问题。

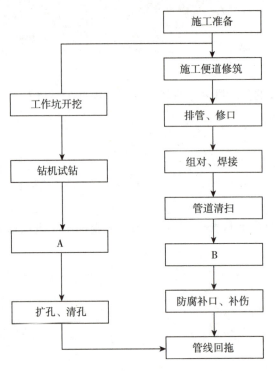

图72　施工工艺流程图

【问题】

1.写由图72中工序A、B的名称。

2.本工程中的燃气管道属于哪种压力等级？根据《城镇燃气输配工程施工及验收标准》（GB/T 51455—2023），指出定向钻穿越段钢管焊接应采用的无损探伤方法和抽检数量。

3.直埋段管道下沟前,质检员还应补充检测哪些项目?并说明检测方法。

4.为保证施工和周边环境安全,编制定向钻专项方案前还需做好哪些调查工作?

5.指出坍孔时周边环境可能造成哪些影响。项目部还应采取哪些坍孔预防技术措施?

案例 56

【背景资料】

某市区城市主干道改扩建工程,标段总长1.72km,周边有多处永久建筑,临时用地极少,环境保护要求高;现状道路交通量大,施工时现状交通不断行。本标段是在原城市主干路主路范围进行高架桥段—地面段—入地段改扩建,包括高架桥段、地面段、U型槽段和地下隧道段。各工种施工作业区设在围挡内,临时用电变压器可安放于图73中A、B的位置,电缆敷设方式待定。

高架桥段在洪江路交叉口处采用钢—混叠合梁型式跨越,跨径组合为37m+45m+37m。地下隧道段为单箱双室闭合框架结构,采用明挖方法施工。本标段地下水位较高,属富水地层;有多条现状管线穿越地下隧道段,需进行拆改挪移。

围护结构采用U型敞开段围护结构为φ1.0m的钻孔灌注桩,外侧桩间采用高压旋喷桩止水帷幕，内侧挂网喷浆。地下隧道段围护结构为地下连续墙及钢筋混凝土支撑（图74）。

降水措施采用止水帷幕外侧设置观察井、回灌井，坑内设置管井降水，配轻型井点辅助降水。

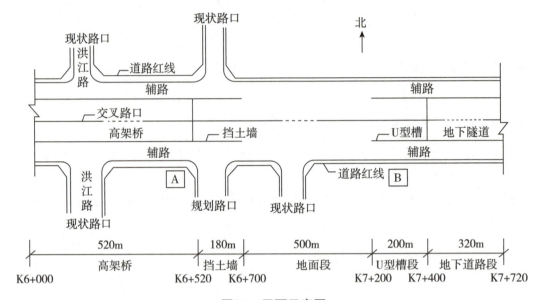

图73 平面示意图

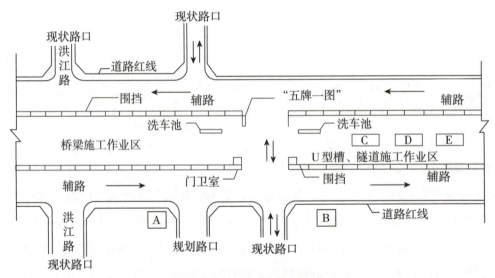

图74 作业区围挡示意图

【问题】

1.图73中,在A、B两处如何设置变压器?电缆应如何敷设?说明理由。

2.根据图74,地下连续墙施工时,在C、D、E的位置设置何种设施较为合理?

3.观察井、回灌井、管井的作用分别是什么?

4.本工程隧道基坑的施工难点是什么?

5.施工地下连续墙时,导墙的作用主要有哪4项?

6.目前城区内钢梁安装的常用方法有哪些?针对本项目的特定条件,应采用何种架设方法?采用何种配套设备进行安装?在何时段安装合适?

案例 57

【背景资料】

某公司承建一座城市桥梁工程，该桥跨越山区季节性流水沟谷，上部结构为三跨式钢筋混凝土结构，重力式U型桥台，基础均采用扩大基础，桥面铺装自下而上为厚8cm的钢筋混凝土整平层+防水层+粘层+厚7cm的沥青混凝土面层。桥面设计高程为99.630m，桥梁立面布置如图75所示。

项目部编制的施工方案有如下内容：

（1）根据该桥结构特点，施工时，在墩柱与上部结构衔接处（即梁底曲面变弯处）设置施工缝。

（2）上部结构采用碗扣式钢管满堂支架施工方案。根据现场地形特点及施工便道布置情况，采用杂土对沟谷一次性进行回填，回填后经整平碾压，场地高程为90.180m，并在其上进行支架搭设施工。支架立柱放置于20cm×20cm的楞木上，支架搭设完成后采用土袋进行堆载预压。

支架搭设完成后，项目部立即按施工方案要求的预压荷载对支架采用土袋进行堆载预压，期间遇较长时间大雨，场地积水。项目部对支架预压情况进行连续监测，数据显示各点的沉降量均超过规范规定，导致预压失败。此后，项目采取了相应整改措施，并严格按规范规定，重新开展支架施工与预压工作。

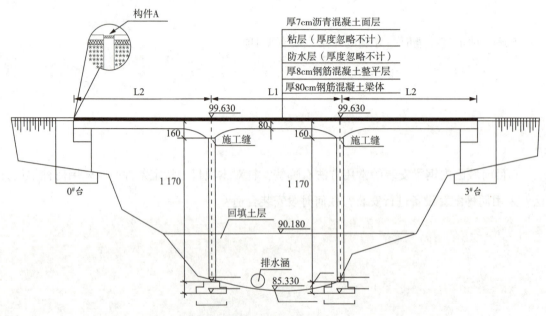

图75 桥梁平面布置示意图（高程单位：m；尺寸单位：cm）

【问题】

1.写出图75中构件A的名称。

2.根据图75判断，按桥梁结构的特点，该桥梁属于哪种类型？简述该类型桥梁的主要受力特点。

3.施工方案（1）中，在浇筑桥梁上部结构时，施工缝应如何处理？

4.根据施工方案（2），列式计算桥梁上部结构施工图应搭设满堂支架的最大高度。根据计算结果，判断该支架施工方案是否需要组织专家论证，并说明理由。

5.试分析项目部可能支架预压失败的原因。

6.项目部应采取哪些措施才能使支架预压成功?

 案例 58

【背景资料】

甲公司中标某城镇道路工程,道路等级为城市主干路,全长560m。横断面型式为三幅路,机动车道为双向六车道。路面面层结构设计采用沥青混凝土,上面层为厚40mmSMA-13,中面层为厚60mmAC-20,下面层为厚80mmAC-25。施工过程中发生如下事件:

事件一:甲公司将路面工程施工项目分包给具有相应资质的乙公司施工,建设单位发现后立即制止了甲公司的行为。

事件二:路基范围内有一处干涸的池塘,甲公司将原始地貌中的杂草清理后,在挖方段取土一次性将池塘填平并碾压成型,监理工程师发现后责令甲公司返工处理。

事件三:甲公司编制的沥青混凝土施工方案包括以下要点:

(1)上面层摊铺分左、右幅施工,每幅摊铺采用一次成型的施工方案,2台摊铺机呈梯队方式推进,并保持摊铺机组前后错开40~50m距离。

(2)上面层碾压时,初压采用振动压路机,复压采用轮胎压路机,终压采用双轮钢筒式压路机。

(3)该工程属于城市主干路,沥青混凝土面层碾压结束后需要快速开放交通,终压完成后拟洒水加快路面的降温速度。

事件四:确定了路面施工质量检验的主控项目及检验方法。

【问题】

1.事件一中,建设单位制止甲公司分包的行为是否正确?说明理由。

2.指出事件二中的不妥之处，并说明理由。

3.指出事件三中的错误之处，并改正。

4.写出事件四中沥青混凝土路面面层施工质量检验的主控项目（原材料除外）及检验方法。

案例 59

【背景资料】

某公司承建了城市主干路改扩建项目，全长5km，宽60m，现状道路机动车道为22cm水泥混凝土路面、36cm水泥稳定碎石基层和15cm级配碎石垫层，在土基及基层承载状况良好路段，保留现有路面结构并直接在上面加铺6cmAC-20C和4cmSMA-13。拓宽部分结构层与既有道路结构层保持一致。

在拓宽段的施工过程中，项目部重点对新旧搭接处进行了处理，以减少新旧路面差异导致的沉降。在浇筑混凝土前，应对新旧路面接缝处进行凿毛、清洁处理以及涂刷界面剂，并应采用控制不均匀沉降变形的措施，如图76所示。

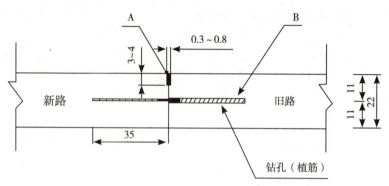

图76 新旧路面接缝处构造示意图（单位：cm）

根据旧水泥混凝土路面的评定结果，项目部对现状道路面层及基础病害进行了修复处理。沥青摊铺前，项目部对全线路缘石、检查井、雨水口标高进行了调整，完成路面清洁及整平工作，并对新旧缝及原水泥混凝土路面做了裂缝控制处治措施，随即封闭交通开展全线沥青摊铺施工。

沥青摊铺施工正值雨季，因此将全线分为两段施工，并对沥青混合料运输车增加防雨措施，保证雨期沥青摊铺的施工质量。

【问题】

1.指出图76中A、B两处的名称。

2.根据水泥混凝土路面板不同的弯沉值范围，分别给出0.2~1.0mm及1.0mm以上的维修方案。基础脱空处理后，相邻板间弯沉差值宜控制在什么范围以内？

3.补充沥青下面层摊铺前应完成的裂缝控制处治措施的具体工作内容。

4.补充雨期沥青摊铺施工质量的控制措施。

案例 60

【背景资料】

某市政企业中标一城市地铁车站项目,该项目地处城郊结合部,场地开阔,建筑物稀少,车站全长200m,宽19.4m,深16.8m,设计为地下连续墙围护结构,采用钢筋混凝土支撑于钢管支撑,明挖施工。本工程开挖区域内地层分布为回填土、黏土、粉砂、中粗砂及砾石,地下水位位于3.95m处,详见图77。

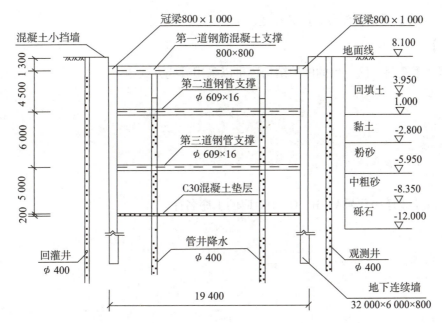

图77 地铁车站明挖施工示意图(高程单位:m;尺寸单位:mm)

项目部依据设计要求和工程地质资料编制了施工组织设计。施工组织设计明确以下内容:

（1）工程全长范围内均采用地下连续墙围护结构，连续墙顶部设有800mm×1000mm的冠梁；钢筋混凝土支撑与钢管支撑的间距：垂直间距为4~6m，水平间距为8m。主体结构采用分段跳仓施工，分段长度为20m。

（2）施工工序为：围护结构施工→降水→第一层土方开挖（挖至冠梁底面标高）→A→第二层土方开挖→设置第二道支撑→第三层土方开挖→设置第三道支撑→最底层开挖→B→拆除第三道支撑→C→负二层中板、中板梁施工→拆除第二道支撑→负一层侧墙、中柱施工→侧墙顶板施工→D。

（3）项目部对支撑作业做了详细的布置：围护结构第一道采用钢筋混凝土支撑，第二、第三道采用φ609mm×16mm的钢管支撑，钢管支撑一端为活络端，采用千斤顶在该侧施加预应力，预应力加设前后的12h内应加密监测频率。

（4）后浇带设置在主体结构中间部位，宽度为2m，当两侧混凝土强度达到100%设计值时，开始浇筑。

（5）为防止围护变形，项目部制定了开挖和支护的具体措施：

①开挖范围及开挖、支撑顺序均应与围护结构设计工况相一致。

②挖土要严格按照施工方案规定进行。

③软土基坑必须分层均衡开挖。

④支护与挖土要密切配合，严禁超挖。

【问题】

1.根据背景资料，该工程的围护结构还可以采用哪些方式施工？

2.写出施工工序中代号A、B、C、D对应的工序名称。

3.钢管支撑施加预应力前后的预应力损失应如何处理？

4.后浇带施工应有哪些技术要求?

5.补充完善开挖和支护的具体措施。

参考答案

【案例1】

1.东侧开挖深度：5.0+0.2+0.1=5.3（m）；西侧开挖深度：5.3+1 000×0.0015=6.8（m）。

2.④→③→②→①→⑤。先地下后地上，先施工地下的附属构筑物及管线；按照先深后浅顺序，先雨水方沟后给水管道；地上先主路后辅路施工，最后是人行道及隔离带（绿化）。

3.①做好路基排水，排除积水；②影响一般的地段，采用晾晒、掺拌石灰处理，降低含水率；③影响严重的地段，换料重做。

4.任何单位和个人都不得擅自占用城市绿化用地；因建设需要占用城市绿地，须经城市人民政府绿化行政主管部门同意，并按照有关规定办理临时用地手续。占用之后应限期归还并恢复原貌。

【案例2】

1.冲击钻。

理由：本工程所处位置为风化岩层，冲击钻适用于黏性土、粉土、砂土、填土、碎石土及风化岩层。

2.不妥之处："路基用合格的土方从现有城市次干道倾倒入路基后用机械摊铺碾压成型"，影响次干道交通，为不文明施工。

正确做法：不应直接倾倒，土方需运至路基填筑位置，分开堆放，逐层填筑，逐层压实检验。

3.补充：①清除地表腐殖土；②对池塘和泥浆池分层填筑、压实到地面标高后，填筑施工找平层；③次干道边坡台阶每层台阶高度不宜大于30cm，宽度不应小于1m，台阶顶面应向内倾斜。

改正错误：路堤分层填筑，层厚度为1m不妥，分层虚铺厚度应视压实机具的功能确定，宜控制在30cm以内。

4.挡土墙属于重力式挡土墙；构造A的名称是反滤层。

5.在施工区域设置2.5m高硬质封闭围挡,由专人值守,非施工人员严禁入内;泥浆池周围设置安全围挡和安全警示牌,以及设置夜间照明示警装置。

【案例3】

1.多孔跨径总长为:75+120+75+30×3×5×2=1170(m)。因此,该桥为特大桥。

2.(1)施工区段⓪:托架法(膺架法)。

施工区段①:挂篮法(悬臂浇筑)。

施工区段②:支架法。

(2)施工区段⓪施工1次,施工区段①施工次数为(118-14)÷2÷4=13(次);施工区段②施工1次,所以,主桥16号墩上部结构一共需要进行施工的次数为:13+1+1=15(次)。

3.(1)合龙顺序:南边孔、北边孔→跨中孔。

(2)施工区段③的施工应在一天气温最低的时候进行。

4.(1)设置安全警示标志及夜间示警灯;(2)设置限高门架、护桩等防止船只、漂流物冲撞的设施;(3)挂篮设备设置安全网(防坠网);(4)主梁两边应设置规范的防护栏杆及安全网。

5.(1)钢套箱(钢套筒)围堰。

(2)围堰高程:19.5+0.5=20.0(m)。

6.每天的施工速度=(91-0.5×2)×2÷3=60(m),护栏总长=1170×4=4680(m),因此防撞护栏的施工时间=4680÷60=78(天)。

【案例4】

1.钢板桩强度高,桩与桩之间的连接紧密,隔水效果好,具有施工灵活、板桩可重复使用等优点。

2.(1)管井成孔时需要泥浆护壁。

(2)滤管与孔壁间应填充磨圆度好、且为硬质岩石成分的圆砾。

3.(1)地基承载力;(2)原状地基土不得扰动、受水浸泡或受冻;(3)压实度、厚度。

4.(1)转换题干中的单位,转换后的计算结果与规范中的相比较。

①转换题干中的单位:$L/(min·m) \to m^3/(24h·km)$。

$0.0285L/(min·m) = 0.0285/1000 m^3 \div 24h·km/24 \times 60 \times 1000$

$=0.0285\text{m}^3 \times 24 \times 60 /（24\text{h}\cdot\text{km}）$

$=41.04\text{m}^3/（24\text{h}\cdot\text{km}）$

②与规范中的相比较：$41.04\text{m}^3/（24\text{h}\cdot\text{km}）< 43.30\text{m}^3/（24\text{h}\cdot\text{km}）$。

综上可知，结果合格。

（2）转换规范中的单位，转换后的计算结果与题干中的比较。

①转换规范中的单位：$\text{m}^3/（24\text{h}\cdot\text{km}）\rightarrow \text{L}/（\min\cdot\text{m}）$。

$43.30\text{m}^3/（24\text{h}\cdot\text{km}）=43.3 \times 1000\text{L}/（24 \times 60\min \times 1000\text{m}）$

$=43300\text{L}/（1440\min\cdot1000\text{m}）$

$=0.0301\text{L}/（\min\cdot\text{m}）$

②与题干中的相比较：$0.0285\text{L}/（\min\cdot\text{m}）< 0.0301\text{L}/（\min\cdot\text{m}）$。

综上可知，结果合格。

5.必须接受公司、项目、班组的三级安全培训教育，经考试合格后，方能上岗。

【案例5】

1.还应补充刚度（挠度）验算。

理由：门洞贝雷梁和分配梁的最大挠度应小于规范容许值，以保证支撑与门洞上部满堂式碗扣支架的稳定性。

2.模板施工前还应对支架进行预压。

其主要目的有：①消除拼装间隙和地基沉降等非弹性变形，检验地基承载力是否满足施工荷载要求，防止由于地基不均匀沉降导致箱梁混凝土产生裂缝；②为支架和模板的预留预拱度调整提供技术依据。

3.通航孔两边应加设护栏、防撞设施、夜间警示灯、反光警示标志，以及张挂安全网。

4.混凝土裂缝的控制措施：

（1）采取分层浇筑混凝土，利用浇筑面散热。

（2）尽可能降低水泥用量。

（3）严格控制集料的级配及其含泥量。

（4）选用合适的外加剂，改善混凝土的性能。

（5）控制好混凝土坍落度。

（6）控制混凝土的内外温差。

5.不正确。开工前，施工项目技术负责人应依据获准的施工方案向施工人员进行技术安全交底,强调工程难点、技术要点、安全措施,使作业人员掌握要点,明确责任。双方签字并归档留存。

【案例6】

1.池顶板厚度为600mm,因此,模板承受的结构自重分布荷载$Q=25kN/m^3 \times 0.6m=15$($kN/m^2$)。

需要组织专家论证。理由:根据相关规定,施工总荷载在15kN/m^2及以上时,需要组织专家论证。

2.钻孔灌注桩桩长17.55m,地下水埋深6.6m,17.55-6.6=10.95(m),因此止水帷幕在地下水中的高度为10.95m。

3.(1)渗漏水中夹带泥沙,会导致渗漏处地层土的流失;(2)造成围护结构背后土体沉降过大;(3)严重的会导致围护结构及背后土体坍塌。

4.基坑施工过程中风险最大的时段为基坑开挖至底板结构施作之间。稳定坑底应采取的措施有:加深围护结构入土深度、坑底土体加固、坑内井点降水,以及适时施作底板结构。

5.细部构造A的名称为施工缝。施工缝留设位置的有关规定:墙体水平施工缝应留设在高出底板表面不小于500mm(腋角300mm+200mm)的墙体上,或留设在腋角上面不小于200mm处。

施工要求:(1)施工缝内应设置止水带;(2)在已硬化的混凝土表面上浇筑时,应先将混凝土表面凿毛并冲洗干净,保持湿润,但不得积水;(3)浇筑前,施工缝处应先铺一层与混凝土强度等级相同的水泥砂浆,厚度宜为15~30mm;(4)混凝土应振捣密实,使新旧混凝土紧密结合。

6.调蓄池混凝土浇筑工艺应满足的技术要求:

(1)混凝土浇筑应合理分层交圈、连续浇筑(或一次性浇筑),一次浇筑量应适应各施工环节的实际能力。

(2)混凝土运输、浇筑和间歇的全部时间不应超过混凝土的初凝时间,在底层混凝土初凝前进行上层混凝土浇筑。

(3)混凝土应振捣密实。

(4)浇筑过程中设专人维护支架。

【案例7】

1.雨水支管与雨水口四周回填应密实,处于道路基层内的雨水支管应做360°混凝土包封,且在包封混凝土达到设计强度的75%前不得开放交通。

2.第一阶段A-C;第二阶段A-C、D-F;第三阶段B-E。

3.(1)确定沟槽开挖宽度主要的依据是管道外径、管道侧的工作面宽度、管道一侧的支撑厚度。B=D+2×(b_1+b_2+b_3)。

(2)确定两侧沟槽槽壁放坡坡度的主要依据是土体的类别及地下水位、沟槽深度、坡顶荷载情况等。

4.应当采取洒水、密封式覆盖措施,现场出入口应采取保证车辆清洁的措施,并设专人清扫社会交通路线。

5.原机动车道表面的既有结构、路缘石、检查井等构筑物与沥青混合料层连接面,以及铣刨后的混凝土路面面层表面,均应喷洒(刷)粘层油。

【案例8】

1.可能产生的后果:(1)沟槽塌方、管道位置偏移和管道不均匀沉降;(2)推入土层过厚,会造成回填土压实度不合格。

正确的做法:(1)管道两侧和管顶以上500mm范围内的回填材料,应由沟槽两侧对称运入槽内,不得由一侧推土入槽;(2)管道回填从管底基础部位开始到管顶以上500mm范围内,必须采用人工回填;(3)管顶500mm以上部位,可用机械从管道轴线两侧同时夯实,每层回填高度应不大于200mm。

2.A公司项目部应编制人工顶管安全专项施工方案,实行专家论证的应重新组织论证,通过后经A公司技术负责人审批加盖公章,上报总监理工程师和建设单位的项目负责人审批,再按方案进行施工。遵照有关规定,向道路权属部门重新办理下穿道路占用的变更手续。

3.(1)A公司只对B专业公司进行罚款不对,还应监督B专业公司进行整改,并在整改后进行验证。此外,A公司还要对B专业公司进行安全技术交底和安全监督检查。

(2)A公司对建设单位承担连带责任。

4.调整施工队伍,由流水作业改为平行作业,增加为两套作业班组,分别由西向东施作,再由东向西施作。加大各种资源的投入,将工作制由两班倒变为三班倒,从而保证工期的要求。

【案例9】

1.构件A的名称为桥梁支座；结构B的名称为粘层油。桥梁支座的作用：是在桥跨结构与桥墩或桥台的支承处设置的传力装置，不仅要传递很大的荷载，并且要保证桥跨结构能产生一定的变位。

2.共6跨梁，每跨箱梁=24+2=26（片），每个箱梁一端有2个支座（共4个支座），那么总共有支座26×4×6=624（个）。

3.C：混凝土灌注；D：模板与支架，E：5（个盖梁）。

4.施工单位应向建设单位提交工程竣工报告，申请工程竣工验收。

5.（1）工程项目自检合格；（2）监理单位组织的预验收合格；（3）施工资料、档案完整；（4）建设主管部门及工程质量监督机构责令整改的问题全部整改完毕。

【案例10】

1.采取技术措施①的优势：降水效果不佳，缩短工期，减少对高铁桩基的影响。

采取技术措施③的优势：避免交通拥堵，降低成本，减少安全事故。

2.完工顺序：沉井封底→A、B段管道顶进接驳。

泵站试验验收项目：满水试验。

管道试验验收项目：污水管道的严密性试验。

3.沉井下沉采用不排水下沉；沉井封底采用水下封底。

4.增加：顶管坑施工费用（千斤顶、顶铁配套设施），沉井施工费用（制作、下沉、水下混凝土封底施工增加的费用）。

减少：降水费用，土方开挖回填费用。

【案例11】

1.安全警示标志、警示灯，安全护栏，安全网，救生设备，防冲撞设施，防触电设施。

2.（1）理由：

①地质情况适用：常规正循环钻机施工只可钻软岩，而牙轮钻头的配置可让它在强风化岩层和中风化岩层中的效率提升。

②技术经济性合理：比冲击钻速度快，比旋挖钻成本低。

③正循环应用范围广，护壁效果好，成孔稳定性好，无振动噪声。

（2）成桩方式：泥浆护壁成孔。

3.（1）护筒。

（2）需使用的施工机械组合有汽车吊、振动锤，护筒宜高出施工水位2m。

4.桩顶标高：20.000−1.2=18.8（m）。

桩底标高：−15.000−1.5×2=−18.000（m）。

3号−①的桩长为：18.8−（−18.000）=36.8（m）。

5.孔底沉渣厚度的最大允许值为100mm。

【案例12】

1.工作井基坑开挖、支护、降水、盾构起重吊装等施工方案需要进行专家论证。

2.（1）应补充的设施有：防雨棚、管片堆场、管片防水处理场、垂直运输设备、泥浆池、沉淀池、洗车池、临时办公设施。

（2）布置的不合理之处有：①水泥罐搅拌设施、堆土场距离基坑边坡太近，影响工作井安全；②空压机距离居民楼过近，造成较大噪声污染；③砂石料不应在围挡旁，应与围挡保持安全距离，和搅拌设备在一起。

3.地面建筑物沉降、围护结构水平位移、地中土体垂直位移、地中土体水平位移、地下水位、围护结构内力、倾斜及裂缝等。

4.可能引起基坑坍塌的因素还有：（1）每层的开挖深度超出设计要求；（2）支护不及时；（3）基坑周边堆载超限；（4）基坑周边长时间积水；（5）基坑周边给水排水现状管线渗漏；（6）降水措施不当引起基坑周边土粒流失。

【案例13】

1.A：开挖导沟；B：开挖沟槽；C：吊放接头管；D：下导管。

2.内支撑体系的布置原则：

（1）宜采用受力明确、连接可靠、施工方便的结构形式。

（2）宜采用对称平衡性、整体性强的结构形式。

（3）应与主体结构的结构形式、施工顺序协调，以便于主体结构施工。

（4）应利于基坑土方开挖和运输。

（5）有时，可利用内支撑结构施作施工平台。

3.事件一中，基坑底部产生较大隆起的原因可能有：

（1）基坑底不透水土层由于其自重不能够承受下方承压水水头压力而产生突然性的隆起。

（2）由于围护结构插入基坑底土层深度不足而产生坑内土体隆起破坏。

4.事件一中，项目部所采取的控制基坑隆起的措施应补充的有：

（1）保证深基坑坑底稳定的方法有加深围护结构入土深度、坑底土体加固、坑内井点降水等措施。

（2）适时施作底板结构。

5.监理工程师制止的原因：现场工人安装止水带时采用了叠接的方式。

错误之处：现场工人安装橡胶止水带时采用叠接连接，并在叠接位置用铁钉进行固定。

整改措施：塑料或橡胶止水带接头应采用热接，不得采用叠接；不得在止水带上穿孔或用铁钉固定就位，应采用定位钢筋对止水带进行固定。

6.（1）注水至设计水深所需天数=12÷2+2=8（d）。

（2）水池渗水面积=30×20+30×12×2+20×12×2=1800（m^2）；

渗水体积=30×20×（10−1）=5400（L）；

渗水量=5400÷1800÷1=3L/（$m^2 \cdot d$）>2L/（$m^2 \cdot d$），因此，本次渗水量的测定结果为不合格。

【案例14】

1.（1）施工组织设计要进行相应修改或补充，并重新进行审批手续，报企业技术负责人进行审批并盖章，经过建设单位项目负责人和总监理工程师同意后实施。

（2）重新开工之前，技术负责人和安全负责人要进行相应的技术交底和安全交底。

2.承载力，支架搭设所需场地的长度宽度。

3.不满足。地基基础需要加固，预压地基合格并形成记录，验算与既有高架桥梁交叉部位支架搭设的承载力。

4.编制专项方案，进行技术安全交底；桥下净高13.3m的部分还需要组织专家论证。

5.预压；非弹性变形。

6.市政工程行政主管部门和公安交通管理部门。

【案例15】

1.工程概况牌、管理人员名单及监督电话牌、消防保卫（防火责任）牌、安全生产牌、文明施工牌和施工现场总平面图。

2.应控制出场的运输车辆的土方量，采取封闭、覆盖保护措施，并派专人清扫社会道路。

3.加水的做法错误，应加减水剂调整混凝土流动性，并通过二次搅拌增强和易性。

4.接头应采用双面焊接法搭接，搭接长度不得小于20mm，不得用铁钉固定。

5.还应在混凝土出厂（配合比控制）、运输、振捣、抹面、缺陷修补环节加以控制，以确保混凝土质量。

【案例16】

1.事件一中应补全的2#钻机工作区的作业计划如下图所示：

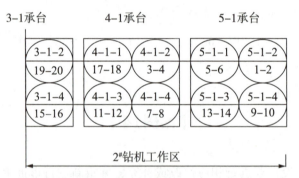

2.施工部位，桩号，桩长，桩径，测斜管，检查人，验收人。

3.吊筋长度=护筒顶高程−桩顶高程−预留钢筋长度+吊筋锚固钢筋笼顶尺寸+孔口横担（钢管）直径。

4.$A=3.14\times 0.6^2\times 18=20.35$（$m^3$）。

首灌砼量=$(2+0.5)\times 3.14\times 0.6^2=2.8$（$m^3$）。

5.坍落度检测，配合比检测，开盘鉴定，产品合格证检查。

【案例17】

1.构件A是桥头搭板，其主要作用有：防止桥梁与道路连接部分的不均匀沉降，设置在桥台或悬臂梁板端部和填土之间，能够随着填土的沉降转动；在车辆行驶时可起到缓冲作用，防止桥头跳车。

2.宜采取集水明排，在坡面渗水处插打导水管引至排水沟的方式；必要时随开挖进度设置临时性明沟和集水井，并在开挖过程中适时调整。

3.还应邀请勘察、设计、建设等单位共同进行验槽。应补全的基坑质量检验项目为：地基承载力、基底标高、基底平面位置、地下水情况、有无扰动及不良质土。

4.（1）应将现状地面的积水排除，疏干。

（2）妥善处理坟坑、井穴，并分层填实至原地面高。

（3）坡度陡于1∶5的路段应修成台阶形式，且台阶宽度不应小于1m，顶面向内倾斜。

5.Ⅰ区压实度≥95%；Ⅱ区压实度≥93%；Ⅲ区压实度≥90%。

【案例18】

1.不正确，理由如下：

B公司编制的专项施工方案应当由A公司单位技术负责人及B公司单位技术负责人共同审核并加盖单位公章，后报总监理工程师审查。由于基坑深度超过5m，最终还需要专家论证，论证通过后方可实施。

2.（1）降水注意事项：

①地下水位降至基坑底以下不少于500mm的位置。

②对降水所用机具做好保养维护，并有备用机具。

③在施工过程中不得间断降水排水，并应对降水排水系统进行检查和维护。

④对水池和降水影响范围内的地面、管线、建筑物进行沉降观测。

（2）降水结束时间：底板混凝土强度达到设计强度等级且满足抗浮要求时。

3.（1）当构件跨度＞8m、拆除顶板支架时，顶板混凝土强度应达到设计的混凝土立方体抗压强度标准值的100%。

（2）①支架拆除现场应设作业区，其边界设警示标志，并由专人值守，非作业人员严禁入内。

②采用机械作业时应由专人指挥。

③应按施工方案或专项方案要求由上而下逐层进行，严禁上下同时作业。

④严禁敲击与硬拉模板、杆件和配件。

⑤严禁抛掷模板、杆件、配件。

⑥拆除的模板、杆件、配件应分类码放。

4.施工前应先进行满水试验，再做现浇钢筋混凝土池体的防水层。

5.（1）池壁的DN900mm预埋钢套管。

（2）池壁施工缝、池壁对拉螺栓两端、预埋钢套管、冲水、充气及排水闸门。

（3）沉降观测。

6.（1）注水至设计水深24h后，开始测读水位测针的初读数，测读初读数不少于24h后测读水位测针的末读数。

（2）池壁浸湿面积=（16+18+16+18）×（4.5+0.25−1.25）=238（m²）；

池底浸湿面积=16×18=288（m²）。

【案例19】

1.A—⑤；B—⑦；C—⑥。

2.地质条件和土的类别，坡顶荷载情况，地下水位，开挖深度。

3.班组自检、工序或工种间互检、专业检查专检。

4.沟槽开挖土方量=（沟槽顶宽×开挖深度−两边边坡面积）×沟槽长度

$$= [（1.5×2+1.2+1）×3−3×1.5] ×1000$$

$$=1.11（万m^3）$$

外运成本=1.11×1.30÷10×100=14.43（万元）。

5.本工程管径大于700mm，所以可按井段数量抽样选取1/3进行试验；试验不合格时，再选取的抽样井段数量应在原抽样基础上加倍。

【案例20】

1.（1）土工格栅应设置的位置：①暗塘段；②暗塘段与杂填土段衔接处。

（2）作用：①提高暗塘段路堤稳定性；②减少暗塘段与杂填土段衔接处的不均匀变形；③减少路基应力不足或不均衡导致基层开裂、面层产生反射裂缝的风险。

2.应根据成桩试验或成熟的工程经验确定，并应满足相关规范规定和设计要求。

3.主控项目：复合地基承载力、搅拌叶回转直径、桩长、桩身强度。

4.错误之处1：摊铺水泥稳定碎石基层时，采用重型压路机进行碾压。

正确做法：宜采用12~18吨压路机初压，然后用大于18吨的压路机碾压，压至相应的压实度，且表面平整、无明显轮迹。

错误之处2：养护3天后进行下一道工序施工。

正确做法：常温下成活后应有不小于7天的养护，经质量检验合格后，方可进行下一道工序施工。

5.（1）土方外弃时应选择风力较小的天气，并洒水降尘。

（2）采用密闭车辆或覆盖，不得装载过满，避免遗撒。

（3）现场出入口应设置洗车池，保证车辆清洁。

（4）安排专人清扫外运路线道路。

【案例21】

1.垫层应设置在路基和基层之间。作用如下：

（1）改善土基的温度和湿度状况，保证面层和基层的强度稳定性和抗冻胀能力。

（2）扩散由基层传来的荷载应力，以减小土基所产生的变形。

2.工程概况牌、管理人员名单及监督电话牌、消防保卫（防火责任）牌、安全生产牌、文明施工牌和施工现场总平面图。

3.当施工现场日平均气温连续5天低于5℃，或最低气温低于−3℃时，应视为进入冬期施工；应于冬期到来前的15~30天内完成。

4.断面形式用断面（b）。

5.进场时还需要检查资料的有：钢筋的成分，具有生产厂的牌号、炉号，检验报告和合格证。

【案例22】

1.原因一：因为连续降雨，排水孔淤塞导致水土压力增大。

原因二：回填土为杂填土，自身抗剪强度低、承载力低，遇水容易产生湿陷性。

原因三：浆砌块石重力式挡土墙结构自身重力不够，稳定性过差，从而导致挡土墙与基底间摩擦力过小。

2.钢筋设置在墙趾、墙背位置。其结构形式特点如下：

（1）依靠墙体自重抵挡土压力作用。

（2）在墙背少量配筋，并将墙趾展宽（必要时设少量钢筋）或在基底设凸榫抵抗滑动。

（3）可减薄墙体厚度，节省混凝土用量。

3.钢筋的安装位置、数量、连接方式、接头位置、接头数量、接头面积百分率、保护层等。（任意4条）

4.错误之处1：第一车混凝土到场后立即开始浇筑。

正确做法：应先对混凝土的坍落度、配合比等进行验收合格后再浇筑。

错误之处2：按每层600mm水平分层浇筑混凝土。

正确做法：挡土墙属于大体积混凝土浇筑，分层厚度宜为300~500mm。

错误之处3：在新旧挡土墙连接处增加钢筋使两者紧密连接。

正确做法：在新旧挡土墙连接处设置变形缝（沉降缝）。

错误之处4：适量加水调整混凝土和易性。

正确做法：混凝土在运输过程中不允许加水，应掺加减水剂或同配比水泥浆搅拌均匀，或者返场二次搅拌。

5.错误之处1：每层泄水孔上下对齐布置。

正确做法：上下层泄水孔应错开（散开/梅花型/错缝等）布置。

错误之处2：挡土墙后背回填黏土。

正确做法：回填土应采用渗透系数大的土（粗粒土/碎砾石等）。

【案例23】

1.（1）结构A：台帽；结构B：锥形护坡（锥坡/护坡）。

（2）①连接桥梁与路堤，以防止路堤滑塌；②另一边则支承桥跨结构的端部，传递上部结构荷载至地基。

2.监理单位，建设单位。

3.基坑开挖在项目划分中属于分项工程，每个基坑为检验批。

4.C：经纬仪（全站仪）；D：钢尺（直尺、卷尺、测尺）。

【案例24】

1.（1）A：安放井点管；B：总管连接。

（2）应注意的事项有：

①应对水位及涌水量等进行监测，发现异常应及时反馈。

②当发现基坑（槽）出水、涌砂时，应立即查明原因，采取处理措施。

③对所有井点、排水管、配电设施应有明显的安全保护标识。

④降水期间应对抽水设备和运行状况进行维护检查，每天检查不应少于2次。

⑤当井内水位上升且接近基坑底部时，应及时处理，使水位恢复到设计深度。

⑥冬期降水时，对地面排水管网应采取防冻措施。

⑦当发生停电时，应及时更换电源，保持正常降水。

2.C：钢筋插筋（锚固钢筋施工）；D：喷射混凝土。

3.建设单位、设计单位、监理单位、勘察单位、施工单位。

4.存放的仓库/室内应干燥、防潮、通风良好、无腐蚀气体和介质。存放在室外时不得直接堆放在地面上，或必须垫高、覆盖、防腐蚀、防雨露，时间不宜超过6个月。

5.（1）作用：止水/防渗。

（2）安装技术要求：

①安装牢固平整，位置及尺寸准确；表面清除干净，不得有砂眼、钉孔。

②连接采用折叠咬接或搭接且必须双面焊接，搭接长度不小于20mm。

【案例25】

1.应采用喷浆型搅拌机。

2.（1）最大限度地利用了原土。

（2）搅拌时无振动、无噪声和无污染，可在密集建筑群中进行施工，对周围原有建筑物及地下沟管的影响很小。

（3）根据上部结构的需要，可灵活地采用柱状、壁状、格栅状和块状等加固形式。

（4）与钢筋混凝土桩基相比，可节约钢材并降低造价。

3.涂料层：防水；水泥砂浆层：防水保护层。底板厚度A：200mm；盖板宽尺寸B：1930mm。

4.压实遍数、虚铺厚度、预沉量值。

【案例26】

1.A：沥青铺装层；B：混凝土铺装（找平）层。

2.传递自重及车辆荷载；允许桥跨结构发生变形及变位；便于桥跨结构维修及更换。支座名称为板式橡胶支座。

3.中梁数量=11×2×14=308（个）。

中梁所需的模板数量=308×7÷120=17.97（套）≈18（套）。

边梁数量=2×14=28（个）。

边梁所需的模板数量=28×7÷120=1.63（套）≈2（套）。

综上，总共需要20（18+2）套模板。

4.C：预应力孔道及预埋件安装；D：混凝土浇筑；E：张拉；F：封锚。

5.3盘。

【案例27】

1.（1）属于重力式（自重式）挡土墙。

（2）端缝属于结构变形缝（沉降缝）。

2.（1）50m均分5段，每段长10m，因此$10=5×2a+2×0.35$，得出$a=0.93$（m）。

（2）方桩根数=6+6+5=17（根）。

3.（1）合理。

（2）柴油锤沉桩噪声大、振动大，有气体污染会影响居民。

（3）可以更换为静力压桩、振动沉桩、钻孔埋桩及射水沉桩。

4.A是地基处理（桩头处理）及验收；B是基础钢筋施工。

【案例28】

1.沟槽开挖与支护工程专项方案、管线保护专项方案、临水临电专项方案、管道吊装专项方案。

2.管内底标高$A=19.526–40×2‰=19.446$（m），取19.4m。

开挖深度$H=23.02–19.446+0.12+0.18=3.874$（m），取3.9m。

上口宽度$B=3+2×3.874×0.75+2×0.8=10.411$（m），取10.4m。

3.（1）回填材料要对称入槽，不得从一侧集中推入。

（2）回填时应分层回填、压实。

（3）应采用轻型压实机具，管道两侧压实面的高差不应超过300mm，应夯夯相连。

（4）分段回填压实时，相邻段的接槎应呈台阶形。

4.（1）涂刷粘层油。

（2）摊铺混合料使接搓软化。

（3）骑缝碾压密实。

【案例29】

1.刚度、抗倾覆稳定性。

2.（1）施工人员及施工材料机具等行走运输或堆放的荷载。

（2）振捣混凝土时产生的荷载。

（3）其他可能产生的荷载。

3.（1）斜撑搭设与支架搭设应同步进行。

（2）盖梁支撑架局部间距过大。

（3）支架未进行验收和预压。

（4）支架地基应设置排水设施。

4. A：200mm；B：1 200mm。

5.ⓐ-⑤；ⓑ-④。

【案例30】

1.空心板预应力体系属于后张法有粘结预应力体系。

2.仓库必须干燥、防潮、通风良好、无腐蚀气体和介质。

3.（1）钢绞线入库时材料员还须查验质量证明文件（合格证）、规格。

（2）见证取样还须检测直径偏差检查、力学性能试验（抗拉强度、伸长率、弹性模量、截面积、应力松弛性能）等。

4.（1）单片空心板中板的钢绞线用量：

N1钢绞线长度 =（700+1 056+4 189+4 535）×2×2=41 920（mm）=41.920（m）。

N2钢绞线长度 =（700+243+2 597+6 903）×2×2=41 772（mm）=41.772（m）。

（2）每跨有22片中板，全桥共4×5=20（跨）；全桥中板数量=22×（4×5）=440（片）。

（3）全桥空心板中板的钢绞线用量=（41.920+41.772）×440=36 824.480（m）。

5.侧模拆除条件：混凝土强度能保证结构棱角不损坏时才可拆除，宜在2.5MPa及以上。

芯模拆除条件：混凝土强度能保证构件（顶板/结构）不变形（坍塌、沉陷等）时方可拆除。

6.A大于B；混凝土质量评定时应使用坍落度值B（以浇筑地点测值为准）。

【案例31】

1.直螺纹连接套筒进场需要提供的报告有：接头的有效型式检验报告、套筒质量检验报告（产品合格证、产品说明书、产品试验报告单）。

钢筋丝头加工工具：钢筋滚丝机（钢筋套丝机）。

连接件检测专用工具：量尺、扭力扳手、通止规。

2.错误之处1：桩顶锚固钢筋伸入冠梁的长度按500mm进行预留。

正确做法：锚固钢筋伸入冠梁的长度应按冠梁厚度进行预留。

错误之处2：混凝土浇筑至桩顶设计高程。

正确做法：高出设计标高0.3~0.5m，确保桩顶混凝土质量。

错误之处3：混凝土浇筑至桩顶设计高程后，立即开始相邻桩的施工。

正确做法：此桩与邻桩间的距离小于5m，应待邻桩混凝土强度达到5MPa后，方可进行钻孔，或采取间隔成孔（跳孔）施工方式。

3.A是地道桥制作，B是监控量测。

4.地道桥每次顶进还应检查的部位使用状况有：顶柱（顶铁/横梁/三角块）安装、后背变化情况、线路加固情况、底板顶板高程、中边墙变形、地道桥表面裂缝等。

5.每一顶程中要测量的内容有：顶进里程（顶程/进尺）、轴线偏差、高程偏差、千斤顶顶力、压力表读数等。

6.（1）尽量避开降雨安排施工，设置作业棚减少雨水影响。

（2）工作坑周边应设置挡水围堰、截水沟（排水沟）防止地表水流入工作坑。

（3）采用井点降水等方式将地下水位降至基底500mm以下。

（4）必要时设置隔水帷幕防止周围水流入施工范围。

（5）设置坑内排水沟、集水井及水泵，及时排除坑内积水。

【案例32】

1.属于地下通行管沟敷设。

2.需经公安交通管理部门、道路管理部门和市政工程行政主管部门批准。

3.（1）现场设泥浆池、泥浆收集设施，并做好抗渗处理。

(2)泥浆应设置钻屑分离处理系统循环利用。

(3)泥浆应采用专用罐车外弃,须防止泄漏外流污染环境。

4.(1)项目部应立即启动应急预案,通知相关管理部门。

(2)对沉陷区域采取围挡封闭,设置警戒区。

(3)采用注浆设备、水泥、砂等材料对空洞部分进行注浆。

(4)注浆完成后垫钢板进行加固处理。

5.构件A:支架。支架的安装技术要点有:

(1)支架应保证安装位置正确,标高和坡度满足设计要求,安装平整,埋设牢固。

(2)支架结构接触面应洁净、平整。

【案例33】

1.关键线路为①→②→④→⑤→⑥→⑦→⑧→⑨→⑩。节点工期为87天,小于90天,满足要求。

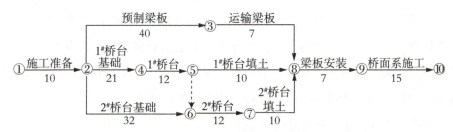

优化后的桥梁施工进度网络计划图

2.不妥之处:桥梁工程施工前,由专职安全员对整个桥梁工程进行了安全技术交底。

正确做法:桥梁工程施工前,安全技术交底应由项目技术负责人对参建人员(包括分包单位人员、专职安全员)进行书面的安全技术交底,并且由交底人、被交底人、专职安全员等人员签字,签字文件归档留存。

3.表面裂缝。裂缝可能形成的原因有:主要是温度裂缝,其是由水泥水化热、内外约束条件、外界气温变化、混凝土收缩变形引起的,施工过程中的振捣不充分、未分层浇筑、养护方式不当、养护时间不足等施工问题也会导致裂缝。

4.可采用等强度水泥(砂)浆或环氧砂浆抹面封闭。

【案例34】

1.C、D公司联合体投标文件和C公司单独投标的投标文件无效。根据《中华人民共和国招标投标法》，联合体各方不得以自己名义参与同一个建设工程招标项目，联合体成员在同一招标项目中自己又单独投标的，相关投标均无效。E公司投标高于最高限价，其投标应被拒绝，投标文件无效。

2.（1）A公司与B公司组成联合体投标，中标后联合体各方应当共同与招标人签订合同，不能以联合体中某一投标人的名义与招标人签订合同，联合体各方对中标的项目承担连带责任。联合体中的某一方违反合同，发包方都有权要求其中的任何一方承担全部责任。

（2）防渗系统属于主体工程，必须由中标单位完成，不得进行分包。

3.（1）包括分项工程（工序）控制、特殊过程控制和不合格产品控制。

（2）在每个分项工程施工前应进行书面技术交底；对特殊过程应设置工序质量控制点进行控制，对特殊过程或缺少经验的工序应编制作业指导书，经项目或企业技术负责人审批后执行。

（3）严禁使用不合格物质材料，不合格工序或分项工程未经处置严禁转序。

结合本案例背景，应主要对施工队伍资质和人员上岗资格进行严格审查，对防渗层材料进货质量按规定检验，保证施工机具的有效性，编制施工方案并在开工前进行技术交底，加强施工过程中质量控制，严格进行质量检验，验收施工场地。

4.分别是管材准备就位、预热和加压对接。

5.施工内容主要包括导排层粒料的运送和布料、导排层摊铺、收集花管连接、收集渠码砌等施工过程。

【案例35】

1.根据工程的施工内容、现场条件、地下设施、管线、周边环境以及水文地质情况，用水平定向钻可以穿越50m宽非通航河流，并能表现出较好的适用性。

且水平定向钻施工可以在地面上或较浅的工作坑内操作，也可以节省顶管施工过程中的工作井施工（包括开挖、支护降水等工作）和井下作业，大大降低了成本，缩短了工期，并避免了顶管工作井深基坑施工过程中的各种安全隐患，在技术经济性、工期保证性和安全性方面表现优越。

2.不合规之处1：由建设单位组织专家进行专项方案论证。

正确做法：应由A公司（施工单位）组织专家论证。

不合规之处2：专家组成员中包含B公司总工程师。

正确做法：本项目参建各方的人员不得以专家身份参加专家论证会，因此，专项方案论证专家组成员不应包括建设、监理、施工、勘察、设计单位的专家。

3.形成泥膜护壁防坍塌，防止周围土层变形过大，控制地表沉降；冷却钻头；润滑减阻；作为介质携运土渣。

4.水平定向钻施工工序：测量定位→钻导向孔→扩孔→回拖铺管。有别于顶管施工的主要工序为钻导向孔、扩孔和回拖铺管，顶管施工必须设置工作井，水平定向钻施工不设置。

5.管道安装完毕后应依次进行管道吹扫、强度试验和严密性试验。

（1）管道吹扫：管道及其附件组装完成并在试压前，应按设计要求进行气体吹扫或清管球清扫。气体吹扫每次吹扫钢质管道长度不宜超过500m。吹扫球应按介质流动方向进行。吹扫结果用贴有纸或白漆的木靶板置于排气口检查，5min内靶上无铁锈等脏物则认为合格。吹扫后，清扫干净。

（2）强度试验：回填至管上方0.5m以上，并留出焊接口。设计压力4.0MPa，为高压燃气管道。应采用水压试验，试验压力不得低于1.5倍设计压力，即≥6.0MPa。试验压力逐步缓升，压力升至30%和60%时，分别进行检查，如无泄漏、异常，继续升压至试验压力，然后宜稳压1h后，无压力降为合格。

（3）严密性试验：

①严密性试验在强度试验合格且燃气管道全部安装完成后进行，本工程为埋地管道，必须回填土至管顶0.5m以上后才可进行。试验介质采用空气，试验压力取1.15倍设计压力，且不得小于0.1MPa，因此，本案例试验压力取4.6MPa。

②管道试压。压力缓慢上升至30%和60%试验压力时，分别停止加压，稳压30min，检查有无异常情况，如无异常情况继续升压。

③升至试验压力后，温度压力稳定后开始记录，持续稳压24h，每小时至少记录1次，修正压力降不超过133Pa为合格。

④所有未参加严密性试验的设备、仪表、管件，应在严密性试验合格后复位，按设计压力采用发泡剂检查其与管道的连接处，不漏为合格。

【案例36】

1.本工程的单位（子单位）工程有：A主线高架桥梁、B匝道桥梁、C匝道桥梁。

2.钻孔灌注桩验收的分项工程：机械成孔（人工挖孔）、钢筋笼制作与安装、混凝土灌注。

钻孔灌注桩验收的检验批：每1根桩。

3.本工程至少应配备2名专职安全员。理由如下：

土木工程、线路工程、设备安装工程按照合同价配备专职安全员。关于专职安全员，5000万元以下的工程不少于1人；5000万~1亿元的工程不少于2人；1亿元及以上的工程不少于3人，且按专业配备专职安全员。本工程合同价为9800万元，应配备的专职安全员不少于2人。

4.事件二中的专项安全应急预案的内容还应包括：组织机构及职责；信息报告程序；应急物资和装备保障。

5.（1）主线基础及下部结构（含B匝道BZ墩）。

（2）匝道基础及下部结构。

（3）主线上部结构。

（4）匝道上部结构。

6.边防撞护栏施工的速度为200÷4=50（m/d）。

A主线桥梁施工的时间为900×2÷50=36（d）。

B匝道施工的时间为360×2÷50=14.4（d）。

C匝道施工的时间为150×2÷50=6（d）。

挡土墙施工的时间为90×2÷50=3.6（d）。

边防撞护栏连续施工的时间为：36+14.4+6+3.6=60（d）。

【案例37】

1.A构（部）件为内插H型钢；B构（部）件为围檩。内插H型钢与刚性的水泥土搅拌墙形成劲性复合结构，起到增加SMW工法桩抗剪抗弯强度和韧性的作用。围檩将围护结构连成整体，支撑和定位围护结构，收集围护结构应力传递到支撑，避免支撑部位应力集中。

2.（1）设置钢筋混凝土支撑的理由：上部荷载大、位移大，其强度、刚度、安全稳定性和可靠性要比钢管支撑大。

（2）设置钢管支撑的理由：下部荷载小、位移小，且下部设置钢管支撑安装拆除方便，施工快速，可周转使用，支撑中可施加预应力，施工方便灵活，可降低对基坑内施工的干扰。

3.作用：降低基坑内水位，便于土方开挖，保证基坑坑底稳定。

4.（1）采用降水或排水措施。

（2）因为渗水较轻，导致的漏水现象并不严重，仅需要在缺陷处及时插入引流管引流，然后用双快水泥封堵缺陷处，等封堵水泥形成一定强度后再关闭引流管。

5.打（拔）桩机、水泥土搅拌机、混凝土运输车及泵车、挖掘机、吊车（装卸材料）、装载机等。

【案例38】

1.连续式膨胀加强带；C35。

2.错误之处：止水钢板安装方向错误（应朝向迎水面）。

措施：安装遇水膨胀止水条，预埋注浆管。

3.（1）严控配合比，必要时加缓凝剂、减水剂。

（2）避开高温时段，可选早、晚间施工。

（3）加强拌制、运输、浇筑、抹面等各工序衔接。

（4）分层浇筑，分层振捣。

（5）加设临时罩棚，避免混凝土板受日晒。

（6）加强养护，应控制养护水温与混凝土表面的温差不大于12℃。

4.需要回灌，理由如下：

（1）基坑周边有需要保护的建筑物，回灌可平衡建筑物下面的水土压力。

（2）设计要求管井降水并严格控制基坑内外水位标高变化，回灌可快速恢复井外水位。

5.回灌用水、养护用水、冲洗车辆、满水试验用水、消防用水。

6.手续：排水接口申请，排水许可申请。

措施：降水排入市政雨水管前，还应委托第三方检测机构进行水质检测，指标合格方可排入。

【案例39】

1.错误之处1：围堰顶标高不得低于施工期间的最高水位。

正确做法：围堰高度应高出施工期间可能出现的河道最高水位（包括浪高）0.5~0.7m。

错误之处2：钢板桩用射水下沉法施工。

正确做法：黏土地质不得用射水下沉法，可采用锤击与振动的方法。

错误之处3：围堰钢板桩从下游到上游合龙。

正确做法：应从上游到下游合龙。

2.水利部门、河道主管部门、航道交通管理部门、环境保护部门、公安交通主管部门以及建设单位、监理单位。

3.（1）项目部未编制应急用电处置方案不妥。理由：没有做到事前控制，依照方案实施。

（2）输出端直接接到开关箱不妥。理由：工地配电要按总配电箱、分配电箱和开关箱做到三级配电、两级保护，还要遵循"一箱、一机、一闸、一漏"的要求设置开关箱。

（3）将多种设备接入统一控制箱不妥。理由：存在容易跳闸、相互干扰和功率不足等安全隐患。

4.不能。吊车驾驶员属于特种作业操作人员，应经过相关资格考试合格并取得相应证书方可持证上岗，在证书有效期内和规定范围内作业。

5.不能。理由如下：

（1）吊车倾覆是事故，应按照"四不放过"原则进行处理。即事故原因未查清不放过；事故责任人未受到处理不放过；相关人员没有受到教育不放过；对事故没有制订切实可行的整改措施不放过。

（2）应处理好基础核算承载力，并对吊机本身进行检查维护以后才可投入工作。

6.问题：施工员违章指挥；汽车司机违章作业；特种操作岗位操作人员无证上岗；项目部施工设备管理混乱，没有设置相应的管理机构，也没有配备设备管理人员进行专门管理。

正确做法：

（1）A项目部应根据现场条件设置相应的管理机构，并配备设备管理人员。

（2）设备操作和维护人员必须经过专业技术培训，考试合格且取得相应操作证后，持证上岗。对机械设备的使用实行定机、定人、定岗位责任的"三定"制度。

（3）按照安全操作规程的要求进行作业，任何人不得违章指挥和作业。

（4）施工过程中项目部要定期检查和不定期巡回检查，确保机械设备正常运行。

【案例40】

1.施工程序中的a是焊接质量，b是气压（强度），c是严密性，d是黄色印有文字的聚乙烯警示带。

2.（1）A公司提取中标价的5%作为管理费后把工程转包给B公司，违反了建设工程项目不得转包的规定。

（2）B公司组建项目部后以A公司名义组织施工，违反了以他人资质承揽工程的规定。

3.局部超挖，最深达15cm，未超过15cm，可用挖槽原土回填夯实，其压实度不应低于原地基土的密实度；槽底地基土壤含水量较大且不适合压实时，应采用级配砂石或天然砂回填至设计标高。

4.（1）工程使用的主要建筑材料、建筑构配件和设备的进场报告。

（2）完整的技术档案和施工管理资料。

（3）勘察、施工单位分别签署的质量合格文件。

（4）施工单位签署的工程保修书。

（5）建设主管部门及工程质量监督机构责令整改的问题全部整改完毕。

【案例41】

1.缺少的降、排水设施有：（1）排水沟；（2）集水井；（3）抽水泵；（4）截水沟等。

顶板支架缺少的杆件有：（1）斜撑；（2）底座；（3）剪刀撑；（4）扫地杆；（5）顶托等。

2.A是防渗止水片（环），B是（防水）水泥砂浆。

原因：（1）固定模板，平衡混凝土侧压力，防止胀模；（2）可以防水；（3）两端可以取出，拆卸方便，不留隐患。

3.制止原因：（1）施工单位（施工员）不得擅自变更施工方案；（2）细石混凝土护面属于基坑边坡防护措施，取消可能会对边坡的安全稳定造成不利影响。

履行手续：基坑深度超过5m，须编制安全专项施工方案并进行专家论证。如取消细石混凝土护面，施工单位应提出安全专项方案变更申请，重新组织专家论证，论证通过方可取消细石混凝土护面。变更后的方案还应经施工单位技术负责人、总监理工程师和建设单位项目负责人签批后，由专职安全员监督落实。

4.施工现场的易燃易爆危险源还应包括：氧气瓶、乙炔瓶、液化气、油料（汽油、柴油等）、涂料、顶托上方木小梁、竹木模板、活动板房、电线电缆等。

5.事件四所造成的损失不可以进行索赔。理由：施工单位未进行功能性试验就进行了下道工序的施工，违反了设计和规范要求，是造成试运行出现问题的直接和主要原因。故该事件属于施工单位自身的责任，不可以进行索赔。

6.满水试验至少分三次进行，每次为设计水深的1/3，即3m。

第一次注水：绝对标高=490.6+3=493.6（m）。第一次注水期间应先注到池壁底部施工缝处检查有无渗漏，当无明显渗漏时，再继续注水至第一次注水深度。

第二次注水：绝对标高=493.6+3=496.6（m）。

第三次注水：绝对标高=496.6+3=499.6（m）。

【案例42】

1.深基坑开挖、降水、支护专项方案，基坑监测方案，模板支架及脚手架专项方案，起重吊装专项方案。

专项施工方案应包括工程概况、编制依据、施工计划、施工工艺技术、施工安全保证措施、施工管理及作业人员配备和分工、验收要求、应急处置措施、计算书及相关施工图纸。

2.应变更成高压旋喷、摆喷桩截水帷幕，或素混凝土桩与钢筋混凝土桩间隔布置的钻孔咬合桩。

应计量。理由：高压线影响施工属于非承包方的外部原因，非承包方责任，且建设单位同意设计变更，可以进行计量。

3.施工单位向监理单位和建设单位提出变更，经监理单位和建设单位同意后，建设单位安排监理工程师发出变更令或安排设计单位重新绘制变更图纸，施工单位按照变更令或变更后的图纸调整施工方案并实施。

4.底板施工；拆除第二道内支撑；拆除第一道内支撑及立柱。

5.围护桩顶部水平与竖向位移、深层水平位移、立柱竖向位移、支撑轴力、地下水位、地表/道路/建筑物/管线竖向位移、周边建筑物裂缝、地表裂缝。

6.不妥之处1：在第二道内支撑未安装的情况下，已开挖至基坑底部。

正确做法：开挖与支撑交替进行，开挖至第二道内支撑下部后，立即进行第二道内支撑施工，减少无支撑暴露的时间和空间。

不妥之处2：挖掘机司机擅自拆除支撑立柱的个别水平联系梁。

正确做法：施工单位应该立即安装被拆除的立柱的个别水平联系梁，严格按照论证及审批后的安全专项施工方案施工，并由专职安全员督促落实。

不妥之处3：已开挖至基底的基坑侧壁局部位置出现漏水，水中夹带少量泥沙，但未对此进行处理。

正确做法：首先应进行基坑降水，在缺陷处插入引流管引流，然后采用双快水泥封堵渗漏处，等封堵水泥形成一定强度后再关闭引流管。如果该种方法效果不佳，则安排在坑内渗漏处回填，坑外渗漏处打孔注入水泥—水玻璃双液浆或聚氨酯封堵渗漏处，封堵后再继续开挖。

【案例43】

1.构造A：盖梁；构造B：混凝土铺装层（调平/找平/基层）。
2.C：⑨现浇湿接缝；D：⑦现浇混凝土铺装层；E：⑥防水层。
3.跨墩龙门吊，穿巷式架桥机。
4.施工方便灵活；对施工现场环境影响小；施工成本低；施工速度快；适用于定时吊装。
5.支座垫石验收的质量检验主控项目有：强度、顶面高程、平整度、坡度、坡向。

【案例44】

1.一般事故。由项目经理组织开展事故调查不正确，一般事故应由县级人民政府直接组织事故调查组调查，也可以授权委托有关部门组织事故调查组进行调查。
2.错误之处1：对事故现场进行清理。

正确做法：应采取应急救援措施防止事故扩大，保护事故现场。

错误之处2：现场管理人员向项目经理报告。

正确做法：事故发生后，事故现场有关人员应当立即向本单位负责人报告；单位负责人接到报告后，应于1h内向事故发生地县级以上人民政府安全生产监督管理部门和负有安全生产监督管理职责的有关部门报告。
3.隧道内观察、拱顶下沉、净空收敛，地表沉降、管线沉降、地面建筑物沉降、倾斜及裂缝。
4.应大于3m，纵向搭接长度一般不小于1m。

【案例45】

1.不正确。因为符合条件的只有2家单位,相关法规规定,投标人少于3家,建设单位应重新组织招标。

2.先地下后地上,先深后浅。

3.分段增加工作面,增加力量和资源投入,快速施工;增加作业时间为三班倒,组织24h不间断施工。

4.A为给水管排管,B、C为燃气管排管、给水管挖土,D、E为给水管回填、热力管支架。

5.关键线路:①→②→③→⑤→⑥→⑧→⑨→⑩。工期80天,满足合同工期要求。

【案例46】

1.钢筋验收完成→预应力管道、预埋件安装及验收→模板支架浇筑前检查→浇筑混凝土→养护→拆除侧模及内模→穿束预应力筋→预应力张拉→孔道压浆→封锚→浇筑人孔→拆除底模及支架。

或:钢筋验收完成→预应力管道、预埋件安装及验收→穿束预应力筋→模板支架浇筑前检查→浇筑混凝土→养护→拆除侧模及内模→预应力张拉→孔道压浆→封锚→浇筑人孔→拆除底模及支架。

2.(1)模板支架高度15m,跨度达到49m,属于超过一定规模的危险性较大的分部分项工程,桥梁上部结构和支架体系需要较大的地基承载力。

(2)现况支架地基位置一边为既有道路,要考虑自来水管道和光纤线缆的管线保护措施。

(3)现况支架地基位置另一边为鱼塘和菜地,要加固提高强度和承载力。

(4)消除两边的不均匀沉降。

3.方向一:地基承载力能够满足相关规范和专项方案计算要求,不会对既有管线产生过大变形或破坏;既有道路处理与鱼塘菜地处理中不会产生不均匀沉降;处理长度、宽度满足支架施工要求。

方向二:24h沉降量小于1mm,72h沉降量小于5mm。

4.模板、支架的自重,新浇筑混凝土自重,施工人员及施工材料机具等行走运输或堆放的荷载,混凝土对模板振捣和冲击的荷载,其他可能产生的荷载。

5.承台基坑土方开挖,支护,降水工程,模板支撑工程,起重吊装工程,人工挖孔桩。

6.论证结果无效。理由如下：

（1）项目技术负责人作为专家进行论证的做法错误，本项目参建各方不得以专家身份参与论证。

（2）4位专家组成员人数的组成错误，应由5名以上专家组成。

（3）专家的论证程序有误，专项方案经过专家论证通过后，应根据论证结果修改完善，经施工单位企业技术负责人审批签字后报总监和建设单位项目负责人签字后实施。

【案例47】

1.⑤→③→④→①→②。

2.在D、G、K三处位置设置限高门架（G位置设置一座限高门架）。

3.三座；应设置门架防撞护桩、安全警示标志、夜间警示灯、安全网、安全护栏。

4.在预应力管道中波峰位置（最高点）设置排气孔，在波谷位置（最低点）设置排水孔。

5.原则：分批、分阶段对称张拉，先中间、后上下或两侧进行张拉。S22→S21→S23→S11→S12。

6.（108.2+2×1）×15×2=3306（m）。

【案例48】

1.水利行政主管部门、航道交通管理部门、公安交通管理部门、市政工程行政主管部门、环境保护部门。

2.③→②→①→④→⑤。

3.悬臂浇筑法。

4.模板支撑工程、起重吊装工程、挂篮安装及拆除工程。

5.作业平台：安全护栏/防护栏杆，安全网，警示灯，警示标志。

作业人员：安全帽，防滑鞋，安全带，救生衣。

6.使悬臂端挠度保持稳定。

【案例49】

1.预应体系属于先张法预应力施工型式；构件A为预应力筋（钢绞线）。

2.B：②涂刷隔离剂；C：⑤隔离套管封堵；D：⑦整体张拉；E：⑩浇筑混凝土；F：⑪养护；G：⑥整体放张。

3.该桥梁工程共需要预制空心板=30×16=480（片）。

按照"每10天每条预制台座可生产4片空心板"的要求，每天能预制的空心板为8×4=32（片）。因此，完成空心板预制共需的天数=480÷32×10=150（天）。

4.（1）不满足吊装进度。

（2）截至第80天，预制剩余天数=150−80=70（天）。

吊装天数=480÷8=60（天）<70天，因此不满足。

【案例50】

1.全桥共有T梁=9×12=108（片）。

预制台座数=108×10÷120=9（个）。

2.预制台座的间距B=1+2+1=4（m）；支撑梁的间距L=（30−0.6×2）=28.8（m）。

3.围护高度不应低于1.8m，且应采用砌体、金属板材等硬质材料形成连续封闭围挡。

4.钢绞线应入库存放，存放的仓库应干燥、防潮、通风良好、无腐蚀气体和介质，库房地面用混凝土硬化。如放室外，钢绞线需垫高覆盖、防腐蚀、防雨露，存放时间不超过6个月。

5.应从一端向另一端采用水平分段、斜向分层的方法浇筑。先浇筑马蹄段，后浇筑腹板，再浇筑顶板。

【案例51】

1.由项目经理主持设计交底不妥，应由建设单位组织，设计、监理、施工单位参加。

2.不正确。应向监理工程师和建设单位提出变更申请，建设单位联系设计单位出具变更图纸，总监理工程师发出变更令，施工单位根据变更令和变更后的图纸实施变更。

3.（1）应修改之处：

①池壁顶标高错误，应为+1.000m。

②盲沟紧邻边坡坡脚不妥，盲沟底部应防渗。

③边坡坡度应改为缓于1∶1.25。

④不同土质处应该采用分级过渡平台或者设置为折线形边坡。

（2）补充之处：

①内外模板采用对拉螺栓固定时，应该在对拉螺栓的中间设置防渗止水片。

②施工缝处应该设置钢板止水带。

③缺少集水井和水泵。

④垫层之后先施工防水层，再施作底板。

⑤防淹墙、安全梯等安全措施未设置。

4.（1）施工前安全技术交底不充分。

（2）对拉螺杆设置间距过大，或直径、强度或规格不符合要求。

（3）模板支撑强度和刚度未进行受力验算或未通过受力验算。

（4）混凝土分层厚度太厚，或混凝土浇筑过快。

（5）振捣棒作用到模板和支撑。

（6）浇筑前未检查模板支架，过程中未安排专人检查模板支架。

5.因为编织物已干，会导致混凝土裂缝，影响抗渗性。应进行薄膜覆盖保湿养生14d以上。

6.三次，每次注水深度为设计深度的1/3，即为1.6m。

第一次注水高度：距池底1.6m，高程为−4.5+1.6=−2.9（m）。可先注水至池壁底部施工缝以上，检查底板抗渗质量，当无明显渗漏时，再继续注水至第一次注水高度。

第二次注水高度：距池底3.2m，高程为−2.9+1.6=−1.3（m）。

第三次注水高度：距池底4.8m，高程为−1.3+1.6=+0.3（m）。

【案例52】

1.（1）土建和设备安装等工程交叉施工。

（2）水厂保持正常运营、新工程同时建设，干扰大。

（3）施工现场用地狭小。

2.两道。一道在底板与池壁连接腋角上面不少于200mm处，一道在池壁与顶板连接腋角下部。

3.a为聚氯乙烯胶泥嵌缝料或密封膏等填充防渗材料；b为橡胶止水带。

4.主要依据：合同文件、工程招标文件、工程施工设计图纸（变形缝位置），国家省、市、地区的相关法律法规及规定，国家现行的相关技术规范、标准及规程、工程施工其他参考资料及施工现场具体情况。

施工顺序：测量定位→土方开挖及地基处理→垫层施工→防水层施工→底板浇筑→池壁及柱浇筑→顶板浇筑→功能性试验。

浇注次数：由于纵向设两道变形缝，横向设两道施工缝，且各分为3段，故清水池混凝土应分9次浇筑。

5.其余临时设施种类有：办公设施；生活设施；辅助设施。现场管理协议的责任主体是总包单位A公司和水厂。

【案例53】

1.A为测量员，B为严密性试验，C为基础施工，D为弯沉值。

2.F：5.00−2.00=3.00（m）；

G：5.00+40×1%=5.40（m）；

H：2.00+40×0.5%=2.20（m）；

J：5.40−2.20=3.20（m）。

3.④→⑤之间增加虚工作，⑥→⑦之间增加虚工作。有6条关键线路，总工期共50天。

【案例54】

1.路面基层施工主要机械设备的配置：

（1）集中拌合（厂拌）采用成套的稳定土拌合设备。

（2）拌合料摊铺机，平地机、石屑或场料撒布机。

（3）装载机和运输车辆。

（4）压路机。

（5）清除车、洒水车。

2.（1）错误之处：在底基层直线段由中间向两边，曲线段由外侧向内侧碾压。

正确做法：由低到高，在底基层直线段由两边向中间，曲线段由内侧向外侧向碾压。

（2）沥青混合料初压宜采用钢轮压路机静压1~2遍。

3.用于确定沥青混合料碾压温度的因素有：压路机的碾压温度应根据沥青和沥青混合料

种类、压路机类型、气温、层厚等因素经试压确定。

4.公示牌还须补充设置，施工现场的进口处应有整齐明显的"五牌一图"：

（1）五牌：工程概况牌、管理人员名单及监督电话牌、消防保卫（防火责任）牌、安全生产（无重大事故）牌、文明施工牌。

（2）一图：施工现场总平面图。

5.总工期为22周。

施工过程	施工进度（单位：周）																					
	1	2	3	4	5	6	7	8	9	10	11	12	13	14	15	16	17	18	19	20	21	22
Ⅰ	━① ━			━━━		━② ━			━━③ ━━			━━━━④ ━━━━										
Ⅱ								━━① ━━		━━② ━━				━③ ━		━④ ━					
Ⅲ																				━		
Ⅳ																					━	
Ⅴ																						━

【案例55】

1.A：导向孔钻进；B：强度试验。

2.（1）管道设计压力0.4MPa，属于中压A级别。

（2）定向钻穿越段钢管焊接应采用射线检查，抽检数量为100%。

3.（1）对外观质量、几何尺寸进行的检查验收。

（2）外观质量（材质、规格、型号、数量和标识）检测采用目测法。

几何尺寸的检查是主要尺寸的检查，如直径、壁厚、结构尺寸等，采用直尺、卡尺。

4.勘探施工现场，掌握施工地层的类别和厚度、地下水分布和现场周边的建（构）筑物的位置、交通状况等。施工单位应根据设计人员的现场交底和工程设计图纸，对设计管线穿越段进行探测。

5.（1）可能造成地面沉陷、既有管线破坏、建筑物异常、冒浆等影响。

（2）加强人员交底；合理控制钻进速度和压力；严格把控泥浆材料配合比，及时注入；按照设计轨迹进行钻进，不偏离；分析对周围环境的影响程度，编制应急预案。

【案例56】

1.（1）方向一：变压器（站）的位置应布置在现场边缘高压接入处，临时变压器的设置应距地面不小于30cm，并应在2m以外处设置高度大于1.7m的保护栏杆。

方向二：施工单位应根据国家有关标准、规范和施工现场的实际负荷情况，编制施工现场"临时用电施工组织设计"，并协助业主向当地电力部门申报用电方案，履行占地手续后进行备案。

（2）电缆采用夯管法进行敷设。理由：夯管法在特定场所有其优越性，适用于城镇区域下穿较窄道路的地下管道施工。

2. C：渣土池；D：泥浆池（箱）；E：钢筋笼加工。

3. 观察井：观察地下水位的变化，以便动态控制地下水位。

回灌井：保持地下水位，防止降水对周边环境造成影响。

管井：疏干基坑内地下水，便于土方开挖，保证施工安全。

4. 隧道基坑施工难点：

（1）地下水位高，降水施工交叉施工多。

（2）施工场地狭窄，受到社会交通干扰较大。

（3）周边建筑物、管线、道路对于沉降等控制严格。

（4）有多条现状管线待拆、待改、待挪移，涉及管理单位配合工作多。

5. 导墙的作用：（1）挡土；（2）基准作用；（3）承重；（4）存蓄泥浆。

6.（1）城区内常用的钢梁安装方法有：自行式吊机整孔架设法、门架吊机整孔架设法、支架架设法、缆索吊机拼装架设法、悬臂拼装架设法、拖拉架设法等。

（2）应采用支架架设法。

（3）采用起重机进行安装。

（4）在夜间安装合适。

【案例57】

1. 伸缩装置。

2. 属于刚架桥。在竖向荷载作用下，梁部主要受弯，而在柱脚处也具有水平反力。

3. 凿毛、清洗湿润但不得有积水，浇筑同配比水泥砂浆。

4. 99.63−0.07−0.08−0.8−90.18=8.5（m）。

理由：根据《危险性较大的分部分项工程安全管理规定》（建办质〔2018〕31号文件），支架超过8m的属于超过一定规模的危险性较大的分部分项工程范围，且需要组织专家论证。

5.（1）采用杂土回填，回填土压实度不满足设计要求，造成支架基础过大沉降。

（2）最大回填厚度=90.18-85.33=4.85（m），采用一次性回填并碾压，支架基础下部土体无法碾压密实，基础后续沉降过大。

（3）雨水渗入支架地基，没有有效的排水措施，造成支架地基承载力下降。

（4）堆载预压没有分级进行，造成支架出现应力变形。

（5）地基预压未合格就进行支架的搭设。

6.（1）采用符合设计或规范要求的材料回填。

（2）分层回填、分层压实，压实度符合设计及规范要求，管涵两侧采用中粗砂回填。

（3）支架地基应有横坡，两侧设排水沟，防止雨水及养护用水浸泡地基。地基处理完成后应对支架基础进行预压，支架基础预压合格后才能进行支架搭设。

【案例58】

1.正确。理由：路面工程为道路工程的主体结构，必须由甲公司施工，不得分包。

2.不妥之处：甲公司将原始地貌中的杂草清理后，在挖方段取土一次性将池塘填平并碾压成型。理由如下：

（1）甲公司清除杂草后，还应挖除池塘淤泥、腐殖土等不良质土。

（2）对挖方段挖出的土方应进行检查，符合路基填筑要求后方可使用。

（3）一次性填平不妥，须分层填筑和压实到原基面高。

3.错误之处1：上面层摊铺分左、右幅施工。

正确做法：表面层宜采用多机全幅摊铺。

错误之处2：摊铺机前后错开40~50m。

正确做法：摊铺机前后错开10~20m呈梯队方式同步摊铺。

错误之处3：复压采用轮胎压路机。

正确做法：复压应采用振动压路机或钢筒（轮）式压路机。

错误之处4：洒水加快路面降温速度。

正确做法：应自然降温至低于50℃后，方可开放交通。

4.（1）压实度。检验方法：查试验记录。

（2）厚度。检验方法：钻孔或刨挖，用钢尺量。

（3）弯沉值。检验方法：用弯沉仪检测。

【案例59】

1.A：填缝料；B：拉杆。

2.板边实测弯沉值在0.20~1.00mm时：应钻孔注浆处理。

板边实测弯沉值1.00mm以上：应整板破碎、处理基层、新铺筑混凝土面板，再根据检测结果确定是否需要进行补灌。

基础脱空处理后，相邻板间的弯沉差值宜控制在0.06mm以内。

3.（1）洒布沥青粘层油。

（2）摊铺土工布等柔性材料。

4.（1）沥青面层不允许在下雨时或下层潮湿时施工。

（2）雨期应缩短施工长度。

（3）加强施工现场与沥青拌合站及气象部门的联系，做到及时摊铺，及时碾压。

【案例60】

1.还可以采用钻孔灌注桩围护结构+高压旋喷桩、钻孔灌注咬合桩、SMW工法桩等方式。

2.A：第一道钢筋混凝土支撑及冠梁施工；B：车站垫层及底板施工；C：负二层侧墙及中柱施工；D：第一道钢筋混凝土支撑拆除。

3.事前应适当提高预应力设计值；事后应依据监测预应力损失数据通过在活络端塞入钢楔，使用千斤顶进行附加预应力的施工。

4.（1）在其两侧混凝土龄期达到42天再进行施工。

（2）接缝处理：钢筋除锈、接缝部位凿毛、清理、湿润，按设计要求采用止水（条）带等措施。

（3）设置独立稳固的模板支架。

（4）采用补偿收缩混凝土，混凝土强度不低于两侧混凝土强度或满足设计要求。

（5）养护不少于28天。

5.（1）设置坑内、外排水设施（排水沟、挡水墙等）。

（2）基坑开挖过程中，必须采取措施防止开挖机械等碰撞支护结构、格构柱、降水井点或扰动基底原状土。

（3）开挖过程中要对基坑本体及支护结构体系进行监控，发生异常情况时，应立即停止挖土，并及时查清原因且采取措施，正常后方能继续挖土。